2급 2차 실기 직업상담사

직업상담사 2급(실기)

초판 1쇄 인쇄		2026년 01월 28일
초판 1쇄 발행		2026년 01월 30일

편 저 자 | 박선주, 박상우, 심현아, 이정미, 황부순
발 행 처 | (주)서원각
등록번호 | 1999-1A-107호
주　　소 | 경기도 고양시 일산서구 덕산로 88-45(가좌동)
대표번호 | 031-923-2051
팩　　스 | 031-923-3815
교재문의 | 카카오톡 플러스 친구 [서원각]
홈페이지 | goseowon.com

PREFACE

안녕하십니까? 직업상담사 2급 자격 취득을 통해 새로운 인생의 항로를 설계하시는 수험생 여러분의 도전을 진심으로 응원합니다. 시험이라는 단어는 누구에게나 무거운 부담으로 다가옵니다. 특히 직업의 전환점에 서 있거나, 새로운 진로를 설계해야 하는 시기에 맞이하는 자격시험은 단순한 지식의 평가를 넘어, 삶의 방향을 결정짓는 중요한 과정이 됩니다. 이러한 여러분의 간절한 마음에 깊이 공감하여, 합격으로 가는 가장 확실한 길잡이가 되고자 본 교재를 집필하였습니다.

전문가의 노하우로 다지는 합격의 기틀

본서의 집필진은 다년간의 실무 경험과 석·박사급 학력을 보유한 전문가들로 구성되었습니다. 직업상담 분야의 국가기술자격 시험 준비에 오랜 기간 참여하며 높은 합격률을 기록해 온 노하우를 바탕으로, 수험생들이 느끼는 막막함을 해소하고 가장 빠른 합격의 길로 안내하기 위해 최선을 다했습니다.

변화된 2025년 시험, 실무 중심의 새로운 기준

직업상담사 2급은 학력이나 전공에 제한 없이 누구나 도전할 수 있는 국가공인 자격으로, 지난 20여 년간 수많은 합격자들이 이 과정을 거쳐 직업상담 현장으로 진출하였고, 현재는 고용센터를 비롯한 공공 고용서비스 기관, 민간 취업지원기관, 학교와 직업훈련기관, 지역 고용지원 현장에서 직업상담사로 활동하고 있습니다. 이 시험은 단순히 자격을 취득하는 과정이 아니라, 사람의 일과 삶을 돕는 전문가로 나아가기 위한 첫 관문이라 할 수 있습니다.

직업상담사 2급 자격 시험은 2025년부터는 이론 중심에서 벗어나 NCS(국가직무능력표준) 기반의 실무 이해와 현장 적용 능력을 평가하는 방식으로 출제 기준이 개편되었습니다. 본 교재는 이러한 변화에 발맞추어 다음과 같은 세 가지 원칙으로 구성되었습니다.

1. 최신 출제 기준의 완벽한 반영 실무 역량을 강조하는 NCS 기반 개편안을 철저히 분석하였습니다. 특히 「협업체계 및 행정」, 「취업지원행사 운영」 등 새롭게 추가된 영역을 현장 실무 경험을 바탕으로 재구성하여, 생소한 신규 과목에서도 명확한 학습 방향을 잡을 수 있도록 하였습니다.

2. 핵심 이론과 실전 문제의 체계적 결합 기존 출제 내용과 NCS 학습 모듈을 통합하여 핵심 내용을 요약 정리하였습니다. 빈출 문제와 예상 문제에 대한 상세한 해설은 물론, 2025년 1~3회차 기출문제를 수록하여 수험생들이 최근의 출제 경향을 완벽하게 파악하고 실전 감각을 극대화할 수 있도록 돕습니다.

3. 논리적 서술 능력을 키우는 실전 가이드 2차 실기 시험의 핵심은 핵심 내용을 논리적으로 설명하는 능력에 있습니다. 본서는 단순 요약에 그치지 않고 실무 현장의 사례와 개념의 원리를 연계하여, 수험생들이 자연스럽게 답안 작성 능력을 갖추고 실전 임기응변 능력을 키울 수 있도록 설계되었습니다.

이 책이 단순한 수험서를 넘어, 여러분을 당당한 직업상담 전문가로 만들어 줄 소중한 동반자가 되기를 희망합니다. 아울러 '행복한 생애진로연구소'카페(https://cafe.naver.com/lifecareer)를 통해 최신 정보와 자료를 지속적으로 공유하며 여러분과 소통하겠습니다. 여러분의 노력이 합격이라는 결실로 이어져, 행복한 내일을 맞이하시기를 진심으로 기원합니다.

저자 일동

Structure

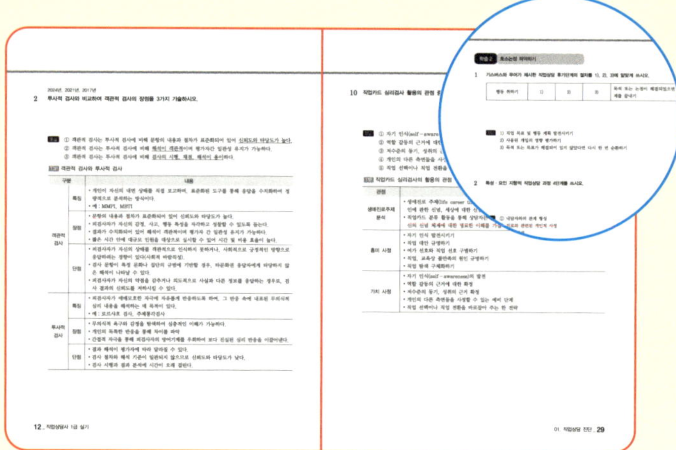

기출문제 및 출제예상문제 중심 학습

직업상담사 2급 실기 기출문제를 복원하여 챕터별로 수록하였습니다. 상단에 출제연도가 표시된 문항이 복원된 기출문제이며, 표시가 없는 문항은 최신 출제 경향을 반영하여 만든 출제예상문제입니다. 기출문제와 출제예상문제를 함께 학습하며 더욱 효과적으로 시험을 준비할 수 있습니다.

풍부한 해설 TIP

상세한 해설뿐만 아니라 문제 풀이에 도움을 주는 관련 이론을 TIP으로 추가하였습니다. TIP을 활용하여 기존에 알고 있던 개념들을 확실히 정립할 수 있도록 하였습니다.

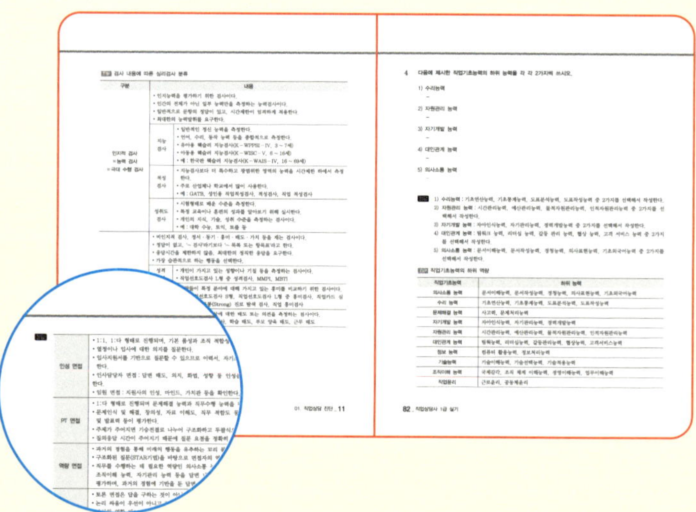

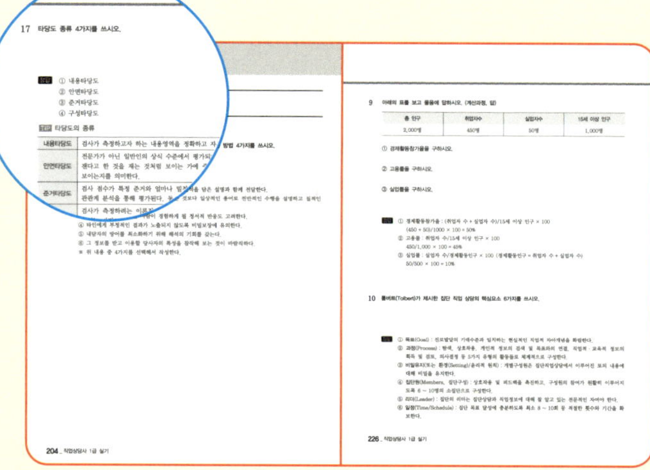

모의시험 형태의 구성

2025년 세 차례 실시된 직업상담사 2급 실기 시험의 기출문제들을 모의시험 형태로 수록하였습니다. 실제 시험에 임하는 것처럼 문제를 풀면서 실전 감각을 기를 수 있습니다.

Contents

Information

직업상담사 2급 직무 내용

노동시장, 신직업, 직업논점, 직업상담기법, 직업상담정책 등의 관련 정보를 생산·가공하고, 내담자의 직업 논점 진단, 역량분석, 심층상담과 전직지원의 변화동기, 생애설계, 목표설정을 지원하며, 사업 기획·평가, 직업상담 인력관리, 수련감독 등을 수행하는 직무입니다.

진로 및 전망

노동부 지방노동관서, 고용안정센터, 인력은행 등 전국 19개 국립직업 안정기관과 전국 281개 시·군·구 소재 공공직업안정기관 및 민간 유·무료직업소개소 및 24개 국외 유료직업소개소 등의 직업상담원에 취업이 가능합니다. 노동부 지방노동관서 등 직업소개 기관 직업상담원 채용시 직업상담사 자격소지자에게 우대할 예정입니다.

직업상담사 2급 우대현황

우대법령	조문내역	활용내용
공무원임용 시험령	제27조 경력 경쟁채용시험 등의 응시자격 등(별표7, 별표8)	경력경쟁채용시험 등의 응시
공무원임용 시험령	제31조 자격증 소지자 등에대한 우대(별표12)	6급 이하 공무원채용시험가산대상자격증
교육감 소속 지방공무원 평정규칙	제23조 자격증 등의 가산점	5급 이하 공무원, 연구사 및 지도사 관련 가점사항
국가공무원법	제36조의2 채용시험의 가점	공무원채용 시험 응시 가점
군무원인사법 시행령	제10조 경력경쟁채용 요건	경력경쟁채용시험으로 신규 채용할 수 있는 경우
군인사법 시행규칙	제14조 부사관의 임용	부사관 임용자격
근로자 직업능력 개발법 시행령	제24조 직업능력개발훈련시설의 지정	직업능력개발훈련시설의 지정을 받으려는 자의 인력
근로자 직업능력 개발법 시행령	제27조 직업능력개발훈련을위하여 근로자를 가르칠 수 있는 사람	직업능력개발훈련교사의 정의
근로자 직업능력 개발법 시행령	제28조 직업능력개발훈련교사의 자격취득(별표2)	직업능력개발훈련교사의 자격
근로자 직업능력 개발법 시행령	제44조 교원등의 임용	교원임용시자격증 소지자에 대한 우대
기초 연구 진흥 및 기술개발지원에 관한 법률 시행규칙	2조 기업부설연구소등의 연구 시설 및 연구전담요원에 대한 기준	연구전담요원의 자격기준
중소기업인력지원특별법	제28조 근로자의 창업지원 등	해당 직종과 관련 분야에서 신기술에 기반한 창업의 경우 지원
지방공무원 임용령	제17조 경력경쟁임용시험 등을 통한 임용의 요건	경력경쟁시험 등의 임용
지방공무원 임용령	제55조의3 자격증소지자에 대한 신규임용시험의 특전	6급 이하 공무원 신규임용시 필기시험 점수 가산
지방공무원 평정규칙	제23조 자격증 등의 가산점	5급 이하 공무원 연구사 및 지도사 관련 가점 사항
국가기술자격법	제14조 국가기술자격취득자에 대한 우대	국가기술자격취득자 우대
국가기술자격법 시행규칙	제21조 시험위원의 자격 등(별표16)	시험위원의 자격
국가기술자격법 시행규칙	제27조 국가기술자격취득자의 취업 등에 대한 우대	공공기관 등 채용시 국가기술자격취득자 우대

국회인사 규칙	제20조 경력경쟁채용 등의 요건	동종 직무에 관한 자격증 소지자에 대한 경력경쟁채용
군무원인사법 시행규칙	제18조 채용시험의 특전	채용시험의 특전
비상대비자원관리법	제2조 대상자원의 범위	비상대비자원의 인력자원 범위

NCS(국가직무능력표준) 활용법

NCS(국가직무능력표준, National Competency Standards)는 직무수행능력 중 세분류(직무)를 구성하는 기본 단위로 직무의 세부 업무(Duty)에 해당합니다. NCS가 현장의 직무 요구서라고 한다면, NCS학습모듈은 NCS의 능력단위를 교육훈련에서 학습할 수 있도록 구성한 교수·학습 자료입니다. NCS학습모듈은 구체적 직무를 학습할 수 있도록 이론 및 실습과 관련된 내용을 상세하게 제시하고 있습니다.

NCS학습모듈 활용법 (검색 일자:2026년 1월 1일)

www.ncs.go.kr로 검색 → 24개 산업 분야 중 대분류 '07.사회복지·종교' 선택 → 중분류 '02. 상담' 선택 → 소분류 '01.직업상담서비스' 선택 → 세분류 '01.직업상담 / 03.전직지원' 선택 → 해당 NCS학습모듈 선택

노동관계법규 법령 찾는 방법

노동관계법규를 법제처 국가법령정보센터(www.law.go.kr)에서 검색하는 방법은 다음과 같습니다.

① 법제처 국가법령정보센터(www.law.go.kr) 접속

　국가법령정보센터 웹사이트로 이동합니다.

② 검색창 활용하여 법령 찾기

　홈페이지 상단의 검색창에 찾고자 하는 법률명을 입력하고 검색합니다.

　예 : 근로기준법, 고용보험법 등

③ 세부 검색 기능 활용

　검색 결과에서 법령명을 클릭하면, 해당 법률의 전문, 개정 이력, 시행령, 시행규칙 등을 확인할 수 있습니다.

　특정 조문을 검색하려면 검색창에 "법령명 + 조문번호" 입력

　예 : 근로기준법 제60조 (연차 유급휴가)

직업상담사 2급 실기 합격률

연도	응시	합격	합격률
2025	10,932	3,406	31.1%
2024	11,951	5,630	47.1%
2023	11,479	5,187	45.2%

PART

01

직업상담 실무

학습 1 진단 실시 결정하기

2020년, 2013년, 2012년, 2010년, 2009년

1 인지적 검사와 정서적 검사의 특징을 3가지로 설명하고 각 검사에 해당하는 검사명을 3가지씩 쓰시오.

정답
① 인지적 검사는 개인의 최대 능력을 평가하기 위한 검사로 일반적으로 문항의 정답이 있고, 시간제한이 엄격하게 적용된다. 유형으로는 지능검사, 적성검사, 성취도검사가 있다. 해당하는 검사는 웩슬러 지능검사, GATB(일반직업적성검사), 수능, 토익(TOEIC) 등이 있다.

② 정서적 검사는 비인지적 검사로 개인이 습관적으로 하는 행동을 선택하도록 하며, 문항의 정답이 없고, 최대한의 정직한 응답을 요구한다. 유형으로는 성격검사, 흥미검사, 태도검사가 있다. 해당하는 검사는 MMPI, MBTI, 직업선호도검사, 직무만족도 검사 등이 있다.

구분		내용
인지적 검사 =능력 검사 =극대 수행 검사		• 인지능력을 평가하기 위한 검사이다. • 인간의 전체가 아닌 일부 능력만을 측정하는 능력검사이다. • 일반적으로 문항의 정답이 있고, 시간제한이 엄격하게 적용한다. • 최대한의 능력발휘를 요구한다.
	지능 검사	• 일반적인 정신 능력을 측정한다. • 언어, 수리, 동작 능력 등을 종합적으로 측정한다. • 유아용 웩슬러 지능검사(K-WPPSI-IV, 3~7세) • 아동용 웩슬러 지능검사(K-WISC-V, 6~16세) • 예 : 한국판 웩슬러 지능검사(K-WAIS-IV, 16~69세)
	적성 검사	• 지능검사보다 더 특수하고 광범위한 영역의 능력을 시간제한 하에서 측정한다. • 주로 산업체나 학교에서 많이 사용한다. • 예 : GATB, 성인용 직업적성검사, 적성검사, 직업 적성검사
	성취도 검사	• 시험형태로 배운 수준을 측정한다. • 특정 교육이나 훈련의 성과를 알아보기 위해 실시한다. • 개인의 지식, 기술, 성취 수준을 측정하는 검사이다. • 예 : 대학 수능, 토익, 토플 등
정서적 검사 =성격 검사 =습관적 수행 검사		• 비인지적 검사, 정서·동기·흥미·태도·가치 등을 재는 검사이다. • 정답이 없고, '~ 검사'라기보다 '~ 목록 또는 항목표'라고 한다. • 응답시간을 제한하지 않음, 최대한의 정직한 응답을 요구한다. • 가장 습관적으로 하는 행동을 선택한다.
	성격 검사	• 개인이 가지고 있는 성향이나 기질 등을 측정하는 검사이다. • 직업선호도검사 L형 중 성격검사, MMPI, MBTI
	흥미 검사	• 사람들이 특정 분야에 대해 가지고 있는 흥미를 비교하기 위한 검사이다. • 예 : 직업선호도검사 S형, 직업선호도검사 L형 중 흥미검사, 직업카드 심리검사, 스트롱(Strong) 진로 탐색 검사, 직업 흥미검사
	태도 검사	• 특정 분야나 대상에 대한 태도 또는 의견을 측정하는 검사이다. • 예 : 직무만족도 검사, 학습 태도, 부모 양육 태도, 근무 태도

2 투사적 검사와 비교하여 객관적 검사의 장점을 3가지 기술하시오.

해설 ① 객관적 검사는 투사적 검사에 비해 문항의 내용과 절차가 표준화되어 있어 <u>신뢰도와 타당도가 높다</u>.
② 객관적 검사는 투사적 검사에 비해 <u>해석이 객관적</u>이며 평가자간 일관성 유지가 가능하다.
③ 객관적 검사는 투사적 검사에 비해 <u>검사의 시행, 채점, 해석이 용이</u>하다.

TIP 객관적 검사와 투사적 검사

구분		내용
객관적 검사	특징	• 개인이 자신의 내면 상태를 직접 보고하며, 표준화된 도구를 통해 응답을 수치화하여 정량적으로 분석하는 방식이다. • 예 : MMPI, MBTI
	장점	• 문항의 내용과 절차가 표준화되어 있어 신뢰도와 타당도가 높다. • 피검사자가 자신의 감정, 사고, 행동 특성을 자각하고 성찰할 수 있도록 돕는다. • 결과가 수치화되어 있어 해석이 객관적이며 평가자 간 일관성 유지가 가능하다. • 짧은 시간 안에 대규모 인원을 대상으로 실시할 수 있어 시간 및 비용 효율이 높다.
	단점	• 피검사자가 자신의 상태를 객관적으로 인식하지 못하거나, 사회적으로 긍정적인 방향으로 응답하려는 경향이 있다(사회적 바람직성). • 검사 문항이 특정 문화나 집단의 규범에 기반할 경우, 타문화권 응답자에게 타당하지 않은 해석이 나타날 수 있다. • 피검사자가 자신의 약점을 감추거나 의도적으로 사실과 다른 정보를 응답하는 경우로, 검사 결과의 신뢰도를 저하시킬 수 있다.
투사적 검사	특징	• 피검사자가 애매모호한 자극에 자유롭게 반응하도록 하여, 그 반응 속에 내포된 무의식적 심리 내용을 해석하는 데 목적이 있다. • 예 : 로르샤흐 검사, 주제통각검사
	장점	• 무의식적 욕구와 감정을 탐색하여 심층적인 이해가 가능하다. • 개인의 독특한 반응을 통해 차이를 파악 • 간접적 자극을 통해 피검사자의 방어기제를 우회하여 보다 진실된 심리 반응을 이끌어낸다.
	단점	• 결과 해석이 평가자에 따라 달라질 수 있다. • 검사 절차와 해석 기준이 일관되지 않으므로 신뢰도와 타당도가 낮다. • 검사 시행과 결과 분석에 시간이 오래 걸린다.

3 심리검사는 사용목적에 따라 규준참조검사와 준거참조검사로 구분할 수 있다. 규준참조검사와 준거참조검사의 특징을 각각 설명하시오.

해설 ① 규준참조검사 : 개인의 점수를 다른 사람들의 점수와 비교해서 상대적으로 어떤 수준인지를 알아보는 것이 주목적인 검사로, 비교 기준이 되는 점수들을 규준(norm)이라고 하며, 규준 집단(norm group)이라고 부르는 대표적인 집단을 통해 비교 점수들을 얻어 낸다.
② 준거참조검사 : 어떤 기준 점수와 비교해서 이용하려는 검사를 말한다. 준거참조검사는 '규준'을 가지고 있지 않다.

TIP 사용 목적에 따른 심리검사 분류

구분	내용
규준참조검사	• 개인의 점수를 다른 사람들의 점수와 비교해서 상대적으로 어떤 수준인지를 알아보는 것이 주목적인 검사이다. • 비교 기준이 되는 점수들을 규준(norm)이라고 하며, 이런 규준 집단(norm group)이라고 부르는 대표적인 집단을 통해 비교 점수들을 얻어 낸다.
준거참조검사	• 어떤 기준 점수와 비교해서 이용하려는 검사이다. • 검사를 사용하는 기관이나 조직의 특성에 따라, 시기에 따라 각각 달라질 수 있다. 따라서 준거참조검사는 '규준'을 가지고 있지 않다.

4 **척도의 종류 4가지를 쓰고 간략히 설명하시오.**

정답 ① 명명척도 : 분류나 범주 구분만 가능하며, <u>속성의 차이만을</u> 나타내는 척도이다.
② 서열척도 : 숫자의 차이가 측정한 속성의 차이에 관한 정보뿐 아니라, <u>순위관계에 대한 정보도</u> 포함하고 있는 척도이다.
③ 등간척도 : 서열뿐만 아니라 수치 간의 <u>간격(등간성)이</u> 동일하게 유지됨을 보장하는 척도이다.
④ 비율척도 : 순서, 간격, 차이, <u>비율까지 해석할</u> 수 있는 가장 정밀한 척도이며, 절대 0점이 존재한다.

TIP 척도의 종류(유형)

구분	내용
명명척도 (명목척도)	• 분류나 범주 구분만 가능하며, 속성의 차이만을 나타내는 척도이다. • 예 : 성별(남/여), 혈액형, 전공 등
서열척도	• 숫자의 차이가 측정한 속성의 차이에 관한 정보뿐 아니라, 순위관계에 대한 정보도 포함하고 있는 척도이다. • 숫자 간 간격이 동일하지 않아 차이의 크기는 알 수 없다. • 예 : 학년, 석차, 만족도 순위
등간척도	• 서열뿐만 아니라 수치 간의 간격(등간성)이 동일하게 유지됨을 보장하는 척도이다. • 절대적인 0점은 부재한다. • 예 : 온도($°C$), IQ 점수
비율척도	• 순서, 간격, 차이, 비율까지 해석할 수 있는 가장 정밀한 척도이며, 절대 0점이 존재한다. • 예 : 키, 몸무게, 나이, 소득

5 심리검사의 집단 내 규준의 종류를 쓰고 설명하시오.

정답 ① 백분위 점수 : 표준화된 집단에서 특정 원점수 이하에 해당하는 사람들의 비율을 기준으로 산출되며, 개인의 상대적 위치를 나타내는 점수이다.
② 표준점수 : 개인의 원점수가 집단의 평균을 기준으로 얼마나 떨어져 있는지를 표준편차 단위로 나타낸 값이다.
③ 표준등급 : 원점수 분포를 정규분포를 가정하여 1부터 9까지의 등급으로 나눈 규준이다.

TIP 심리검사의 집단 내 규준

구분	내용
백분위 점수	• 표준화된 집단에서 특정 원점수 이하에 해당하는 사람들의 비율을 기준으로 산출되며, 개인의 상대적 위치를 나타내는 점수이다. • 예 : 백분위가 88이라는 것은 내담자보다 낮은 점수를 받은 사람들이 전체의 88%라는 뜻이며, 내담자는 표준화집단에서 전체 12%에 해당한다는 것이다.
표준점수	• 개인의 원점수가 집단의 평균을 기준으로 얼마나 떨어져 있는지를 표준편차 단위로 나타낸 값이다. • 원점수를 표준점수로 변환하면, 해당 점수가 전체 집단 내에서 어떤 상대적 위치에 있는지 파악할 수 있으며, 이를 통해 다른 검사 결과와 비교하거나 해석하는 데 유용하게 활용할 수 있다. • 표준점수에는 Z점수(M(평균)=0)와 T점수(M(평균)=50)가 있으며, 대부분의 심리검사의 표준점수는 T점수를 사용한다.
표준등급	• 스테나인 점수(Stanine Score)라고도 하며, 원점수 분포를 정규분포를 가정하여 1부터 9까지의 등급으로 나눈 규준이다. ※ Stanine=Standard+Nine • 대규모 학력 평가 및 심리 검사 결과를 보고할 때 9개의 단순한 등급으로 복잡한 원점수를 요약하여 제공함으로써, 상대적인 성취 수준을 파악하기 용이하다. • 예 : 수능이나 내신 등급제

6 검사 – 재검사의 단점 4가지를 쓰시오.

정답
① 환경변화
② 시간 간격
③ 응답자 속성 변화
④ 기억효과(연습효과)
⑤ 반응민감성 효과
※ 위 내용 중 4가지를 선택해서 작성한다.

TIP 검사 – 재검사 신뢰도 추정치를 구할 때 단점

구분	내용
환경 변화	검사 환경상의 변화가 신뢰도에 영향을 미칠 수 있다.
시간 간격	검사 시행사이의 기간이 짧거나 길 경우 신뢰도에 영향을 미칠 수 있다.
응답자 속성 변화	능력, 가치관, 정서 등 피험자의 속성의 변화가 신뢰도에 영향을 미칠 수 있다.
기억효과(연습효과)	선행 검사 시 기억이 두 번째 검사 점수에 영향을 미치는 현상을 말한다.
반응민감성 효과	검사 경험 자체가 후속 반응에 영향을 준다.

7 심리검사 측정의 신뢰도를 높이기 위한 측정오차를 줄이는 방법 3가지를 쓰시오.

정답
① 문항 수를 늘리면 측정오차가 감소하고 결과의 일관성이 향상된다.
② 일관된 검사 환경(조명, 소음, 온도 등) 유지하여 피검자의 집중을 돕는다.
③ 내적 일관성이 낮거나 혼란을 유발하는 문항은 삭제 또는 수정한다.
④ 구체적인 채점 기준 설정으로 채점자의 일관성을 높인다.
※ 위 내용 중 3가지를 선택해서 작성한다.

8 직업심리검사의 신뢰도를 추정하는 방법 3가지를 쓰고, 각각에 대해 설명하시오.

정답 ① 검사-재검사 신뢰도 : 동일한 검사를 동일한 수검자에게 일정한 시간 간격을 두고 두 번 실시한 후, 두 검사 점수 간의 상관계수로 신뢰도를 추정하는 방법이다.
② 동형검사 신뢰도 : 동일한 수검자에게 내용과 난이도 등이 동등한 두 개의 검사(동형검사)를 실시한 후, 두 검사 점수 간의 상관계수를 통해 측정의 일관성을 추정하는 방법이다.
③ 반분 신뢰도 : 하나의 검사를 한 집단에게 실시한 후, 검사 문항을 동등한 두 부분으로 나누어, 각 부분 점수 간 상관계수를 계산함으로써 측정의 일관성을 추정하는 방법이다.

TIP 직업심리검사의 신뢰도 추정 방법

검사-재검사 신뢰도	• 동일한 검사를 동일한 수검자에게 일정한 시간 간격을 두고 두 번 실시한 후, 두 검사 점수 간의 상관계수로 신뢰도를 추정하는 방법이다. • 검사 점수가 시간의 경과에 따라 얼마나 일관되게 유지되는지를 평가하는 것이므로, 검사-재검사 신뢰도는 시간에 따른 측정의 안정성을 의미하며, 이를 '안정성 계수'라고도 부른다.
동형검사 신뢰도	• 동일한 수검자에게 내용과 난이도 등이 동등한 두 개의 검사(동형검사)를 실시한 후, 두 검사 점수 간의 상관계수를 통해 측정의 일관성을 추정하는 방법이다. • 상관계수는 두 검사의 동등성(내용, 난이도, 측정 특성 등)이 얼마나 유지되고 있는지를 나타내는 지표이므로 이를 '동등성 계수' 또는 '동형성 계수'라고도 부른다. • 이미 신뢰도가 입증된 유사한 형태의 검사와 새롭게 실시한 검사 간 점수의 상관계수를 통해 측정의 일관성을 추정하는 신뢰도 유형이다.
반분 신뢰도	• 하나의 검사를 한 집단에게 실시한 후, 검사 문항을 동등한 두 부분(예 : 홀수/짝수, 전반/후반 등)으로 나누어, 각 부분 점수 간 상관계수를 계산함으로써 측정의 일관성을 추정하는 방법이다. • 둘로 나뉜 문항 집합 간의 점수 일치 정도, 즉 내용의 일관성을 평가하는 것이므로, 이를 '내적 합치도 계수'라고도 부른다.

2023년, 2017년, 2014년, 2013년, 2012년, 2011년

9 준거타당도의 의미와 준거 타당도의 종류 2가지를 제시하고 간략히 설명하시오.

정답
① 준거타당도 : 검사 점수가 특정 준거와 얼마나 밀접하게 관련되어 있는지를 나타내는 통계적 타당도로, 상관관계 분석을 통해 평가된다.
② 준거타당도의 종류
- 동시타당도 : 새로운 검사의 타당도를 검증하기 위해 이미 타당성이 입증된 기존 검사와 동일한 시점에서 함께 실시하고, 두 결과 간의 상관계수를 산출한다.
- 예언타당도 : 검사 점수를 바탕으로 미래의 행동이나 성과를 얼마나 정확하게 예측할 수 있는지를 나타내는 타당도이며, 검사를 실시한 후 일정 시간이 지난 뒤에 외부 준거(직무수행 결과 등)와의 상관계수를 산출한다.

TIP 준거타당도

㉠ 의의 및 특징
- 검사 점수가 특정 준거와 얼마나 밀접하게 관련되어 있는지를 나타내는 통계적 타당도로, 상관관계 분석을 통해 평가된다.
- 준거타당도 검증 시에는 보통 신뢰성과 타당성이 확보된 기존 검사도구의 결과를 기준 준거로 활용한다.

㉡ 준거타당도의 분류

구분	내용
동시타당도 (공인타당도)	새로운 검사의 타당도를 검증하기 위해 이미 타당성이 입증된 기존 검사와 동일한 시점에서 함께 실시하고, 두 결과 간의 상관계수를 산출하여 검사의 유사성과 관련성을 평가하는 방식이다.
예언타당도 (예측타당도)	• 검사 점수를 바탕으로 미래의 행동이나 성과를 얼마나 정확하게 예측할 수 있는지를 나타내는 타당도이다. • 검사를 실시한 후 일정 시간이 지난 뒤에 외부 준거(직무수행 결과 등)와의 상관관계를 분석하여 판단한다.

㉢ 직업상담에서 준거타당도가 중요한 이유
- 준거타당도가 높은 진단 도구는 미래 행동을 예측하여 선발, 배치, 훈련 등 인사관리에 관한 의사결정의 설득력을 제공한다.
- 경험적 근거에 따른 비교적 명확한 준거를 토대로 내담자의 직업선택을 위한 효과적인 정보를 제공한다.
- 직업상담 프로그램의 효과를 객관적으로 평가하고, 개선점을 찾는 데 유용하다.

㉣ 직업상담이나 산업장면에서 준거타당도가 낮은 검사를 사용해서는 안 되는 이유
- 선발 및 평가의 효율성 저하
- 의사결정의 공정성 저해
- 평가 시스템에 대한 신뢰 상실

10 구성타당도를 분석하는 방법 2가지를 제시하고, 각각에 대해 설명하시오.

정답
① 수렴타당도 : 어떤 검사가 이론적으로 관련이 있다고 예상되는 다른 변수나 측정도구들과 실제로 어느 정도 높은 상관관계를 가지는지를 평가하는 타당도이다.
② 변별타당도 : 이론적으로 관련이 없어야 할 변수를 측정하는 검사와 실제로 낮은 상관관계를 보이는지를 평가하는 타당도이다.
③ 요인분석 : 검사를 구성하는 문항 간의 상관관계를 분석하여, 공통된 요인을 공유하는 문항들끼리 묶어주는 통계적 기법이다.
※ 위 내용 중 2가지를 선택해서 작성한다.

TIP 구성타당도의 종류

구분	내용
수렴타당도 (집중타당도)	• 어떤 검사가 이론적으로 관련이 있다고 예상되는 다른 변수나 측정도구들과 실제로 어느 정도 높은 상관관계를 가지는지를 평가하는 타당도이다. • 동일 · 유사 개념을 측정하는 도구 간 높은 상관을 확인할 수 있다. • 상관계수가 높을수록 타당도가 높다.
변별타당도 (판별타당도)	• 이론적으로 관련이 없어야 할 변수를 측정하는 검사와 실제로 낮은 상관관계를 보이는지를 평가하는 타당도이다. • 서로 다른 개념을 측정하는 도구 간 낮은 상관을 확인할 수 있다. • 상관계수가 낮을수록 타당도가 높다.
요인분석 (요인타당도)	검사를 구성하는 문항 간의 상관관계를 분석하여, 공통된 요인을 공유하는 문항들끼리 묶어주는 통계적 기법이다.

1 진단 도구 선택 시 고려사항 5가지를 쓰시오.

정답 ① 평가자
② 진단 도구의 주제
③ 진단 실시 장소 및 방법
④ 진단 실시일
⑤ 진단 실시 이유

TIP 진단 도구 선택 시 고려사항

구분	내용
평가자	진단이 자기 보고의 내담자 스스로 평가하는 것인지, 아니면 타인의 보고에 의한 측정으로 할 것인지에 대한 것인지에 따라 평가자의 임무가 주어진다.
진단 도구의 주제	인간의 심리적 평가, 정서적 특성, 인지적 변인, 행동 반응 등을 측정하는 것인지에 대한 판단이다.
진단 실시 장소 및 방법	조용하고 독립되어 방해받지 않는 검사실에서 실시하여야 하며, 컴퓨터, 휴대폰, 지필, 도구 등의 방법을 사용할지를 결정한다.
진단 실시일	진단은 내담자가 좋은 조건의 상태에 있을 때 실시하여야 한다. 가령 신체적으로 힘든 상황이거나, 아니면 충격을 받은 상태이거나 하는 경우는 내담자를 정확히 평가할 수 없다.
진단 실시 이유	동일한 진단 도구라고 할지라도 다양하게 사용된다. 예를 들면, 직업카드 심리검사는 구체적인 적합한 직업을 안내, 진로 태도, 의사결정, 진로 신화, 진로 갈등, 성격적 성향 등을 평가하여 활용할 수 있다.

2 심리검사 제작을 위한 예비문항 작성 시 고려사항 3가지를 설명하시오.

정답 ① 문항의 내용이 측정하고자 하는 <u>심리적 특성과 일치</u>하여야 한다.

② 문항의 내용이 수검자의 분석력, 종합력, 추론력 등 <u>고등정신기능을 유효하게 측정</u>할 수 있어야 한다.

③ 문항은 나열된 사실을 요약하고, 이를 <u>추상화시킬 수 있는 내용</u>을 포함하여야 한다.

④ 문항은 <u>내용과 형식이 참신</u>하여야 한다.

⑤ 문항은 <u>명확하게 구조화되고 체계적으로</u> 제시되어야 한다.

⑥ 문항은 수검자에게 적합한 <u>난이도</u>로 구성되어야 한다.

※ 위 내용 중 3가지를 선택해서 작성한다.

3 심리검사에서 흔히 사용되는 전통적 척도화 방식 3가지를 쓰고, 각각에 대해 설명하시오.

정답 ① 응답자 중심 방식 : 문항 자체를 척도화하지 않고, 응답자의 특성·태도·행동을 직접적으로 척도화하는 방식이다.
② 자극 중심 방식 : 응답자를 척도화하기 이전에 문항(자극)을 먼저 척도화하는 데 중점을 두는 방식이다.
③ 반응 중심 방식 : 응답자와 문항을 동시에 척도화하는 방식이다.

TIP 심리검사에서 사용되는 전통적 척도화 방식

구분	내용
응답자 중심 방식	• 문항 자체를 척도화하지 않고, 응답자의 특성·태도·행동을 직접적으로 척도화하는 방식이다. • 예 : 리커트 척도
자극 중심 방식	• 응답자를 척도화하기 이전에 문항(자극)을 먼저 척도화하는 데 중점을 두는 방식이다. • 예 : 서스톤 척도
반응 중심 방식	• 응답자와 문항을 동시에 척도화하는 방식이다. • 예 : 거트만 척도

4 심리검사 사용의 윤리적 문제에 관한 유의사항을 3가지 쓰시오.

정답 ① 평가기법을 이용할 때 그에 대해 수검자에게 충분히 설명해 주어야 한다.
② 새로운 평가 기법이나 심리검사를 개발하고 표준화할 때 기존의 과학적 절차를 충분히 따라야 한다.
③ 평가 결과를 보고할 때 신뢰도 및 타당도에 관한 모든 제한점을 지적한다.
④ 평가 결과가 시대에 뒤떨어질 수 있음을 인식한다.
⑤ 적절한 훈련이나 교습을 받지 않은 사람들이 심리검사를 이용하지 않도록 한다.
※ 위 내용 중 3가지를 선택해서 작성한다.

5　일반직업적성검사(GATB)에서 측정하는 적성 중 3가지를 쓰고, 설명하시오.

정답　※ GATB에서 측정하는 9가지 적성요인 중 3가지 선택해서 작성

적성	측정 내용
지능(G)	일반적인 학습 능력, 설명이나 지도 내용과 원리를 이해하는 능력, 추리 판단하는 능력, 새로운 환경에 빨리 순응하는 능력이다.
언어능력(V)	언어의 뜻과 그에 관련된 개념을 이해하고 사용하는 능력, 언어 상호 간의 관계와 문장의 뜻을 이해하는 능력, 보고 들은 것이나 자신의 생각을 발표하는 능력이다.
수리능력(N)	빠르고 정확히 계산하는 능력이다.
사무지각(Q)	문자나 인쇄물, 전표 등의 세부를 식별하는 능력, 잘못된 문자나 숫자를 찾아 교정하고 대조하는 능력, 직관적인 인지 능력의 정확도나 비교 판별하는 능력이다.
공간적성(S)	공간상의 형태를 이해하고 평면과 물체의 관계를 이해하는 능력, 기하학적 문제해결 능력, 2차원이나 3차원의 형체를 시각으로 이해하는 능력이다.
형태지각(P)	실물이나 도해 또는 표에 나타나는 것을 세부까지 바르게 지각하는 능력, 시각으로 비교 판별하는 능력, 도형의 형태나 음영, 근소한 선의 길이나 넓이 차이를 지각하는 능력, 시각의 예민도 등이 있다.
운동반응(K)	눈과 손 또는 눈과 손가락을 함께 사용해서 빠르고 정확한 운동을 할 수 있는 능력, 눈으로 겨누면서 정확하게 손이나 손가락의 운동을 조절하는 능력이다.
손가락재치(F)	손가락을 정교하고 신속하게 움직이는 능력, 작은 물건을 정확하고 신속히 다루는 능력이다.
손재치(M)	손을 마음대로 정교하게 조절하는 능력, 물건을 집고, 놓고 뒤집을 때 손과 손목을 정교하고 자유롭게 운동할 수 있는 능력이다.

2021년, 2020년, 2018년, 2014년, 2011년

6 스트롱(Strong) 직업흥미검사의 하위척도 3가지를 쓰고, 각각에 대해 간략히 설명하시오.

정답 ① 일반직업분류(GOT) : 홀랜드의 직업선택이론에 기반한 6가지 직업흥미 유형을 측정한다.
② 기본흥미척도(BIS) : 수검자가 특정한 활동이나 주제 영역에 대해 얼마나 흥미를 느끼는지를 측정한다.
③ 개인특성척도(PSS) : 개인이 일상생활과 직업 환경에서 어떤 방식의 행동이나 활동을 선호하고 심리적으로 편안하게 느끼는지를 평가한다.

TIP 스트롱(Strong) 직업흥미검사의 하위척도

구분	내용
일반직업분류 (GOT)	• 홀랜드(Holland)의 직업선택이론에 기반한 6가지 직업흥미 유형(RIASEC)을 토대로, 개인의 전반적인 직업 흥미 유형을 평가한다. • 현실형, 탐구형, 예술형, 사회형, 기업형, 관습형
기본흥미척도 (BIS)	일반직업분류(GOT)의 6가지 유형(RIASEC)을 보다 세분화한 것으로, 수검자가 특정한 활동이나 주제 영역에 대해 얼마나 흥미를 느끼는지를 측정한다.
개인특성척도 (PSS)	• 개인이 일상생활과 직업 환경에서 어떤 방식의 행동이나 활동을 선호하고 심리적으로 편안하게 느끼는지를 평가한다. • 업무유형, 학습유형, 리더십유형, 모험심유형의 4개 척도로 구성된다.

2023년, 2022년, 2021년, 2020년, 2019년, 2018년

7 **홀랜드(Holland)의 6가지 성격유형을 쓰고 설명하시오.**

정답 ① 현실형 : 현장에서 몸으로 부대끼는 활동을 선호한다.
② 탐구형 : 사람보다는 아이디어를 강조하고, 분석 및 사고를 선호한다.
③ 예술형 : 창의성을 지향하며, 아이디어와 재료를 사용해서 자신을 새로운 방식으로 표현하는 활동을 선호한다.
④ 사회형 : 다른 사람을 육성하고 계발하는 것을 선호하며, 이익이 적더라도 도움이 필요한 사람을 돕는 일을 선호한다.
⑤ 진취형 : 특정 목표를 달성하기 위해 타인을 통제하고 지배하는 데에 관심이 있다.
⑥ 관습형 : 일반적으로 잘 짜여진 구조에서 일하는 것을 선호하고 세밀하고 꼼꼼한 일에 능숙하다.

TIP 홀랜드(Holland)의 6가지 성격유형

흥미유형	특징
현실형 (R : Realistic)	• 현장에서 몸으로 부대끼는 활동을 좋아한다. • 〈신체활동+기술사용 선호〉
탐구형 (I : Investigative)	• 사람보다는 아이디어를 강조하고, 추상적인 사고 능력을 가지고 있다. • 〈(과학적인 지식에 대해) 연구+분석+사고 선호〉
예술형 (A : Artistic)	• 창의성을 지향하며, 아이디어와 재료를 사용해서 자신을 새로운 방식으로 표현하는 작업을 한다. • 〈(사람들에 대한) 창의적+변화를 추구하는 일 선호〉
사회형 (S : Social)	• 다른 사람을 육성하고 계발하는 것을 좋아하며, 이익이 적더라도 도움이 필요한 사람을 돕는 일을 좋아한다. • 〈(사람들에 대한) 조력+육성+지원 선호〉
진취형 (E : Enterprising)	• 물질이나 아이디어보다는 사람에게 관심을 가지며, 특정 목표를 달성하기 위해 타인을 통제하고 지배하는 데 관심이 있다. • 〈(사람들을) 관리+설득 선호〉
관습형 (C : Conventional)	• 일반적으로 잘 짜여진 구조에서 일을 잘하고, 세밀하고 꼼꼼한 일에 능숙하다. • 〈비즈니스 사무행정 + 구조화된 상황 선호〉

2022년, 2020년, 2017년, 2015년, 2013년

8 크릿츠(Crites)가 개발한 진로성숙도 검사는 태도척도와 능력척도로 구분된다. 태도척도와 능력척도를 각각 5가지씩 쓰시오.

정답 ① 태도척도 : 결정성, 참여도, 독립성, 성향, 타협성
② 능력척도 : 자기평가, 직업정보, 목표선정, 계획, 문제해결

TIP 크릿츠(Crites)가 개발한 진로성숙도 검사

태도척도	• 결정성 : 선호하는 진로의 방향에 대한 확신의 정도이다. • 예 : 나는 선호하는 진로를 자주 바꾸고 있다. • 참여도 : 진로선택 과정에 능동적으로 참여하는 정도이다. • 예 : 나는 졸업할 때까지는 진로선택 문제에 별로 신경을 쓰지 않을 것이다. • 독립성 : 진로선택을 독립적으로 할 수 있는 정도이다. • 예 : 나는 부모님이 정해 주시는 직업을 선택하겠다. • 성향 : 진로결정에 필요한 사전이해와 준비 정도이다. • 예 : 일하는 것이 무엇인지에 대해 생각한 바가 거의 없다. • 타협성 : 진로선택 시 욕구와 현실에 타협하는 정도이다. • 예 : 나는 하고 싶기는 하나 할 수 없는 일을 생각하느라 시간을 보내곤 한다.
능력척도	• 자기평가 : 자신의 성격, 흥미, 가치관, 능력 및 태도 등을 명확히 인식하고 이해하는 능력이다. • 직업정보 : 직업 세계에 대한 지식, 고용 동향, 직무 요건 등에 대한 정보를 탐색하고 평가하는 능력이다. • 목표선정 : 자기 이해와 직업 정보에 근거하여, 현실적이고 합리적인 직업선택을 하는 능력이다. • 계획 : 설정한 진로 목표를 달성하기 위해 필요한 교육, 경험, 자원 등을 조직적으로 계획하는 능력이다. • 문제해결 : 진로 선택 및 진로 진행 과정에서 발생할 수 있는 갈등, 장애, 불확실성을 효과적으로 해결하는 능력이다.

2024년, 2021년, 2019년

9 성격검사 5가지 요인(유형)을 쓰고, 간략하게 설명하시오.

정답

구분	내용
외향성	타인과의 상호작용을 원하고 타인의 관심을 끌고자 하는 정도를 측정한다.
호감성	타인과의 관계에서 편안하고 조화로움을 유지하는 정도를 측정한다.
성실성	사회적 규칙, 규범, 원칙 등을 기꺼이 지키려는 정도를 측정한다.
정서적 불안정성	정서적인 안정감과 세상에 대한 통제감 정도를 측정한다.
경험에 대한 개방성	세계에 대한 관심 및 호기심, 다양하고 새로운 경험에 대한 추구 및 포용성 정도를 측정한다.

10 직업카드 심리검사 활용의 관점 중 가치 사정의 목적 5가지를 쓰시오.

정답 ① 자기 인식(self-awareness)의 발전
② 역할 갈등의 근거에 대한 확정
③ 저수준의 동기, 성취의 근거 확정
④ 개인의 다른 측면들을 사정할 수 있는 예비 단계
⑤ 직업 선택이나 직업 전환을 바로잡아 주는 한 전략

TIP 직업카드 심리검사의 활용의 관점

관점	내용
생애진로주제 분석	• 생애진로 주제(life career themes)는 개인이 표현한 생각, 가치, 태도, 자신의 신념, 타인에 관한 신념, 세상에 대한 신념 등이 농축된 단어들이다. • 직업카드 분류 활동을 통해 상담자는 물론 내담자 스스로 표현된 주제의 분석을 통해 자신의 신념 체계에 대한 명료한 이해를 가질 수 있다.
흥미 사정	• 자기 인식 발전시키기 • 직업 대안 규명하기 • 여가 선호와 직업 선호 구별하기 • 직업, 교육상 불만족의 원인 규명하기 • 직업 탐색 구체화하기
가치 사정	• 자기 인식(self-awareness)의 발전 • 역할 갈등의 근거에 대한 확정 • 저수준의 동기, 성취의 근거 확정 • 개인의 다른 측면들을 사정할 수 있는 예비 단계 • 직업 선택이나 직업 전환을 바로잡아 주는 한 전략

11 MMPI의 타당성 척도 중 L척도, F척도, K척도에 대해 설명하시오.

정답 ① L척도 : 원래 자신을 실제보다 더 좋게 드러내려는 의도를 탐지하는 척도이다.
② F척도 : 문항 내용을 제대로 읽지 않고 응답하거나 무선적으로 응답하는 것과 같은 이상 반응 경향 혹은 비전형적인 반응 결과를 탐지하기 위해 개발하였다.
③ K척도 : 정신병리를 부인하고 자신을 매우 좋게 드러내려는 수검자의 시도 혹은 이와 반대로 이를 과장하거나 자신을 매우 나쁘게 드러내려는 수검자의 시도를 좀 더 효과적으로 탐지할 수 있다.

TIP MMPI의 타당성 척도

구분	척도명	내용
문항 내용과 무관한 응답 평가 척도	? 척도 (무응답 척도)	• 대답을 누락했거나 '그렇다' 또는 '아니다' 모두에 응답한 문항의 수이다. • 무응답이 30개 이상이면 해석을 보류한다.
	무선반응 비일관성(VRIN)척도	전형적으로 문항의 내용을 제대로 읽지도 않고 응답했거나 문항에 완전히 혹은 대부분 무선적으로 응답한 사람들을 구별해 내는 것이다.
	고정반응 비일관성(TRIN)척도	문항 내용과 상관없이 무분별하게 '그렇다'로 응답하는 경향이나 '아니다'로 응답하는 경향을 평가한다.
문항 내용과 관련 왜곡 응답을 평가하는 척도	부인(L) 척도	원래 자신을 실제보다 더 좋게 드러내려는 의도를 탐지하는 척도이다.
	교정(K) 척도	정신병리를 부인하고 자신을 매우 좋게 드러내려는 수검자의 시도 혹은 이와 반대로 이를 과장하거나 자신을 매우 나쁘게 드러내려는 수검자의 시도를 좀 더 효과적으로 탐지할 수 있다.
	과장된 자기 제시(S) 척도	자기 자신을 매우 정직하고 책임감이 있고 심리적인 문제가 없고 도덕적인 결점이 거의 없고 다른 사람들과 매우 잘 어울리는 사람인 것처럼 드러내려는 경향을 평가한다.
	비전형(F) 척도	• 문항 내용을 제대로 읽지 않고 응답하거나 무선적으로 응답하는 것과 같은 이상 반응 경향 혹은 비전형적인 반응 결과를 탐지하기 위해 개발하였다. • 점수가 높으면 모든 문항에 '그렇다'로 응답한 반응 편향, 부정적 방향으로 왜곡하거나 꾀병으로 과장하려는 시도를 나타낸다.
	비전형 – 후반부(Fb) 척도	표준적인 F척도에 속하는 문항들은 시험용 검사지의 전반부에 배치되어 있어 후반부에 위치한 문항들의 수검자가 타당하게 응답했는지를 평가하기 위해 사용된다.
	비전형 – 정신병리 척도(Fp) 척도	F척도 점수가 상승하는 이유는 내담자가 실제로 심각한 정신병리를 지니고 있기 때문일 수 있다는 점을 인식하여 F척도의 보완으로 설계되었다.

1　직업심리검사 향후 개입이나 경과 예측을 고려한 해석 수준 3가지를 쓰고 설명하시오.

정답　① 구체적 수준 : 진단 결과 점수에 초점을 맞추어 기술하는 데 그치며, 해석이나 결론을 제시하지 않는다.
　② 기계적 수준 : 소검사와 요인 검사 간의 차이에 초점이 맞추어 기술하고 이에 대한 결론을 내린다.
　③ 개별적 수준 : 진단 결과 점수를 통합하여 결론을 내리되, 내담자에 초점을 맞추어 진단 결과 점수를 해석한다.

TIP　진단 결과 해석 수준

구분	내용
구체적 수준 (concrete level)	진단 결과 점수에 초점을 맞추어 기술하는 데 그치며, 해석이나 결론을 제시하지 않는다.
기계적 수준 (mechanical level)	• 소검사와 요인 검사 간의 차이에 초점이 맞추어 기술하고 이에 대한 결론을 내린다. • 고용-24(구:워크넷)에서 제공되는 해석 수준에 해당한다.
개별적 수준 (individualized level)	• 진단 결과 점수를 통합하여 결론을 내리되, 내담자에 초점을 맞추어 진단 결과 점수를 해석한다. • 직업카드 심리검사 해석 수준에 해당한다.

2 상담자는 진단 결과 보고서에 각 영역별 내용이 전체적인 흐름과 맥락에 맞게 조직화와 통합화 과정이 요구된다. 보고서 조직화 방법 3가지를 쓰시오.

정답 ① 진단의 조직화
② 내담자 직업 논점에 대한 조직화
③ 진단 도구의 특성에서 나타나는 기능별 조직화

TIP 보고서 조직화

구분	내용
진단의 조직화	• 내담자에게 제공된 다양한 진단 도구에서 나타난 결과들은 각 진단 도구의 특성에 맞는 영역에 대한 결과이므로 각 진단 도구에서 제시된 영역을 차례대로 보고하는 경우이다. • 이는 각 진단 도구별 특성에 맞춘 보고이기에 전체를 통합하는 과정이 누락될 수 있다. 이때 상담자가 통합한 내용을 앞에 제시하고, 각 진단 결과와 검사 응답 내용을 차례대로 제시하고 한 묶음으로 보고한다.
내담자 직업 논점에 대한 조직화	• 내담자가 진단 결과 보고서를 보고 내담자가 이해를 점점 높이도록 구성한다. 내담자가 진단 과정에 나타난 태도나 결과에 대해 언급한 후 영역별로 차츰 전개해 나가는 방식이다. • 이는 내담자의 관심이 자신의 진로나 직업에 대한 역량, 가능성, 예견되는 분야 등에 대한 것이므로 검사에 임하는 태도에서의 해석, 내담자의 관심 영역에서 가벼운 주제로부터 무거운 주제로 구성하고 전체에 대한 통합을 제시한다.
진단 도구의 특성에서 나타나는 기능별 조직화	• 진단 도구로 측정하려는 다양한 영역들을 기능별로 구성하여 제시한다. • 예를 들어, 직업 판정, 직업 성격, 직업 가치, 적합 전공 등의 영역이라면, 직업 가치와 직업 성격을 제시하고, 이에 적합한 전공과 직업을 기능별로 구분하여 조직화하는 것이다. 이렇게 함으로써 내담자가 보고서를 보고 해석하는 데 용이하다.

2022년, 2020년, 2017년, 2008년, 2004년

3 직업심리검사 결과 해석 시 유의사항 4가지를 기술하시오.

정답 ① 검사 결과를 내담자가 이해하기 쉬운 언어로 설명한다.
② 결과에 대한 내담자의 정서적 반응을 고려한다.
③ 내담자의 방어를 최소화하기 위해 비판 없는, 중립적 태도를 유지한다.
④ 검사결과는 상담자의 개인적 해석 없이, 객관적이고 중립적으로 제시해야 한다.
⑤ 하나의 점수만 전달하기보다 진점수 범위로 설명하여 오차 가능성을 고려한다.
⑥ 검사가 측정하는 것과 측정하지 않는 것을 명확히 구분하여 설명한다.
⑦ 해석 시 객관적이고 표준화된 규준 자료를 근거로 설명한다.
⑧ 상담자가 일방적으로 해석하기보다 내담자와 함께 검사결과를 탐색하며 해석에 참여시킨다.
⑨ 결과는 확정적 진단이나 예언이 아닌 가능성의 정보로서 제시되어야 한다.
※ 위 내용 중 4가지를 선택해서 작성한다.

4 직업심리검사 결과를 내담자에게 통보 시 유의사항 3가지를 기술하시오.

정답 ① 기계적으로 전달해서는 안 되며, 적절한 해석을 담은 설명과 함께 전달되어야 한다.
② 쉽고 일상적인 용어로 전반적인 수행을 설명하고 질적인 해설을 덧붙이는 것이 좋다.
③ 그 정보를 받고 이용할 당사자의 특성을 참작해 보는 것이 바람직하다.
④ 검사 결과를 통보받는 사람이 경험하게 될 정서적인 반응도 고려할 필요가 있다.
⑤ 내담자에게 결과를 설명할 때에 내담자의 정서적 상태, 학력 수준, 연령 등에 따라 전문적 용어, 평가적 말투, 애매한 표현 등을 자제하고 잘 알아들을 수 있는 언어로 설명하여야 하며, 이때 내담자의 반응을 고려하여 필요하다면 다시 설명한다.
※ 위 내용 중 3가지를 선택해서 작성한다.

2023년, 2020년, 2012년, 2007년

5 틴슬리(Tinsley)와 브래들리(Bradley)가 제시한 심리검사 결과 검토의 2단계를 쓰고, 설명하시오.

정답
① 이해 단계 : 내담자의 검사 결과 해석을 위해 우선적으로 규준을 참조하여 검사점수의 의미를 충분히 이해한다.
② 통합 단계 : 이해를 통해 얻어진 정보들을 이전에 내담자에 대해 수집한 정보들과 통합한다.

2007년

6 틴슬리(Tinsley)와 브래들리(Bradley)가 제시한 검사결과 해석 4단계를 쓰고 설명하시오.

정답
① 1단계(해석 준비하기) : 내담자가 검사결과를 충분히 이해하고 있는지 숙고하는 단계로, 면담을 통해 얻은 내담자의 정보와 어떻게 통합되는지 검토한다.
② 2단계(내담자가 검사결과의 해석을 받아들일 수 있도록 준비시키기) : 내담자에게 검사의 목적을 상기시키고 검사를 하는 동안 어떤 경험을 했는지, 점수나 프로파일이 어떻게 나올지를 생각해 보도록 한다.
③ 3단계(결과 정보 전달) : 측정목적을 염두에 두고 해석에 임한다. 어려운 용어는 피하고 점수 자체보다는 점수가 의미하는 바를 강조하여 전달하도록 한다.
④ 4단계(추후 활동) : 내담자와 상담결과에 대하여 이야기를 나누고 내담자가 어떻게 이해했는지 확인하며, 내담자가 검사를 통해 알게 된 내용과 기타 내담자에 관한 관련 자료들을 잘 통합하도록 도와준다.

정답 ① 일관성 : 유형들의 어떤 쌍들은 다른 유형의 쌍들보다 공통점을 더 많이 가지고 있다. 육각형에서 인접할수록 일관성 수준이 높다.
② 차별성 : 1개의 유형에는 유사성이 많이 나타나지만, 다른 유형에는 별로 유사성이 나타나지 않는다.
③ 정체성 : 개인에게 있어서 정체성이란 개인의 목표, 흥미, 재능에 대한 명확하고 견고한 청사진을 말한다. 환경에 있어서 정체성이란 조직의 투명성, 안정성, 목표·일·보상의 통합이라고 규정된다.
④ 일치성 : 개인과 환경 간의 일치 정도(적합도)를 측정하는 것으로, 사람은 자신의 유형과 비슷하거나 정체성이 있는 환경 유형에서 일하거나 생활할 때 일치성이 높아지게 된다.
⑤ 계측성 : 육각형 모델에서 유형[환경]들 간의 거리는 그것들 사이의 이론적인 관계에 반비례한다.

TIP 홀랜드의 5개의 주요 개념

주요 개념	내용
일관성	유형들의 어떤 쌍들은 다른 유형의 쌍들보다 공통점을 더 많이 가지고 있다. 홀랜드 코드 첫 2개 문자를 사용하여 일관성의 수준을 높음(인접), 중간(다른 문자 1개), 낮음(다른 문자 2개)으로 나눈다. 〈개인과 환경에 대한 개념〉
차별성	1개의 유형에는 유사성이 많이 나타나지만, 다른 유형에는 별로 유사성이 나타나지 않는다. SDS 또는 VPI 프로파일로 측정된다. 〈환경에 대한 개념〉
정체성	• 개인에게 있어서 정체성이란 개인의 목표, 흥미, 재능에 대한 명확하고 견고한 청사진을 말한다. 환경에 있어서 정체성이란 조직의 투명성, 안정성, 목표·일·보상의 통합이라고 규정된다. • MVS의 직업정체성 척도는 개인의 정체성을 측정하는데 사용하고, 이 점수가 낮은 사람들은 반대되는 직업 목표를 가진 사람들이 많다. 〈환경에 대한 개념〉
일치성	개인과 환경 간의 일치 정도(적합도)를 측정하는 것으로, 사람은 자신의 유형과 비슷하거나 정체성이 있는 환경 유형에서 일하거나 생활할 때 일치성이 높아지게 된다. 환경과 개인의 가장 좋지 않은 일치의 정도는 육각형에서 유형들이 반대 지점에 있을 때 나타난다. 〈환경에 대한 개념〉
계측성	유형들[환경] 내 또는 유형들 간의 관계는 육각형 모델에 따라 정리될 수 있는데, 육각형 모델에서 유형[환경]들 간의 거리는 그것들 사이의 이론적인 관계에 반비례한다. 〈개인에 대한 개념〉

1　진단 결과 보고서 구성 절차 4단계를 쓰고, 각각에 대해 설명하시오.

정답　① **자료 분석** : 진단 결과 보고서는 진단 결과에 근거하여 작성하되, 내담자의 초기면담지에 나타난 상담 주요 호소 문제를 확인하고, 진단 실시에서 나타난 내담자의 행동을 분석한다.

② **주제 확인** : 진단 결과와 초기면담지, 검사 태도 등에서 일관되게 나타나는 주제를 도출한다. 주제 분석을 통한 육각형 모형 해석과 도출된 주제와 어떤 연관이 있는지에 대해서도 확인해야 한다.

③ **내담자 주제 조직화** : 육각형 모형 해석을 근간으로 하여 3코드를 해석하여 주제를 조직화한다.

④ **개념화** : 내담자의 검사 자료에 대한 전체를 통합하고, 내담자에 대한 가설을 만들어 그 가설을 기초로 검사 보고서의 전체 맥락을 구성하여 구조를 만든다. 즉, 내담자의 통합된 맥락을 개념화한다.

2 진단 결과에 의한 가설을 세울 때 진단 결과 간 유의사항 3가지를 쓰고, 설명하시오.

정답 ① 일치성과 불일치성 : 내담자의 각 진단 결과의 일치성과 불일치성의 영역을 확인한다. 불일치가 있는 경우, 그 이유를 명확히 설명할 수 있도록 다각적으로 해석한다.
② 강조성 : 내담자에게 적절하고 명확하게 강조점을 제시한다.
③ 통합성 : 진단의 각 영역 간의 해석을 통합함으로써 보고서의 가치를 갖게 되며, 잘못된 결론을 방지할 수 있다.

TIP 진단 결과 간 유의사항

구분	내용
일치성과 불일치성	• 내담자의 각 진단 결과의 일치성과 불일치성의 영역을 확인한다. • 불일치가 있는 경우, 그 이유를 명확히 설명할 수 있도록 다각적으로 해석한다. • 이렇게 함으로써 직업상담가가 세운 가설을 지지하는 정보에 편향됨을 방지한다.
강조성	• 내담자에게 적절하고 명확하게 강조점을 제시한다. • 결론을 제시할 때에 분명히 기술해야 하며, 현재 행동과 앞으로 예견되는 상황 등에 대한 객관적 근거와 추론을 구분할 필요가 있다. • 강조점은 내담자의 진단 요구도와 관련이 있다.
통합성	• 진단의 각 영역 간의 해석을 통합함으로써 보고서의 가치를 갖게 된다. ⇒ 잘못된 결론을 방지한다.

3 진단 결과 보고서 기술 기법 5가지를 쓰시오.

정답 ① 들어가기와 끝내기
② 누구나 이해할 수 있는 언어로 작성
③ 검사 점수가 가지는 범위를 망라하여 기술
④ 통일성
⑤ (보편타당한) 호칭사용

TIP 진단 결과 보고서의 기술 기법(작성 기법)

들어가기와 끝내기	• 들어가기 : 편안한 마음에서 읽어볼 수 있는 문장으로 시작한다. • 끝내기 : 검사 결과를 종합하는 내용으로 구성한다.
누구나 이해할 수 있는 언어로 작성	• 전문가 수준에서 사용되는 용어나 분석적인 용어는 익숙하지 않고, 자칫 마음의 상처를 받을 수 있으므로 내담자의 교육수준, 지식수준 등을 고려하여 작성한다. • 내담자가 검사 결과서를 받고 나서 읽어보고 느끼는 충격도 고려한다. • 문장은 부드러워야 하며, '칭찬 후에는 경계', '경계 뒤에는 칭찬'으로 이어질 수 있도록 문장을 구성한다.
검사 점수가 가지는 범위를 망라하여 기술	검사점수가 지향하는 범위를 반드시 확인한다. ⇒ 내담자가 그 범위(내담자가 스스로 생각하기에 안도할 수 있는, 또한 자신이 생각한 범위에 가깝게 다가가야 하는 의미)내에 있음을 재차 강조한다.
통일성	• 좋은 글쓰기의 닻과 같다. • 독자의 주의가 흩어지지 않게 해준다. • 무의식적 요구를 충족시키고 독자에게 모든 것이 제대로 돌아가고 있다는 안심을 준다. • 대명사(내담자의 호칭)의 통일, 시제의 통일, 분위기의 통일한다.
(보편타당한) 호칭사용	• OOO님 이라는 보편 타당한 호칭을 사용한다. • 여러 번 사용하여 내담자와의 친밀감을 더한다.

4 진단 결과 보고서 작성 시 유의사항 4가지를 쓰시오.

정답 ① 간단명료한 내용이어야 한다.
② 정확한 사실에 근거해야 한다.
③ 객관적인 근거에 기초해야 한다.
④ 분명한 결론이 제시되어야 한다.

5 진단 결과 보고서 작성 항목 5가지를 쓰고, 설명하시오.

정답 ① 경험한 직무 : 그동안 내담자가 종사한 직무를 망라하여 작성한다.
② 실시한 진단 도구 : 진단 도구명을 작성한다.
③ 진단 의뢰 사유 : 내담자와 진단 실시 전에 면담에서 나타난 내담자의 진단 요구도 및 직업상담가
　 가 관찰한 진단 의뢰 사유를 기재한다.
④ 관찰된 행동 : 진단 실시의 태도, 속도, 몰입도 등에 대하여 제시하고, 특히 검사 점수에 영향을 줄
　 정도의 정서적 상황도 제시한다.
⑤ 평가 결과 : 진단 도구 매뉴얼에 제시된 검사 평가 결과를 그대로 제시한다.
⑥ 진단적 인상 : 진단 실시 전 면담, 검사 실시의 태도, 검사 결과 등에서 나타난 특징들을 제시한다.
⑦ 결론 : 진단 결과 전체를 통합하여 결론을 제시한다.
⑧ 요약 : 내담자의 진단 목적에 부합한 내용을 요약한다.
⑨ 제언 : 내담자의 진단 결과 다른 진단 실시가 요청되거나, 아니면 상담을 실시해야 되는 점 등을
　 제시한다.
※ 위 내용 중 5가지를 선택해서 작성한다.

직업상담 초기면담

학습 1 친밀교감 형성하기

1 초기면담의 유형 3가지를 쓰시오.

정답
① 내담자 대 상담자의 솔선수범 면담
② 정보지향적 면담
③ 관계지향적 면담

TIP 초기면담의 유형

내담자 대 상담자의 솔선수범 면담	내담자에 의해 시작된 면담, 상담자에 의해 시작된 면담 등으로 구분된다.
정보지향적 면담	• 탐색해 보기 : '누가, 무엇을, 어디서, 어떻게'로 시작되는 질문으로 한두 마디 단어 이상의 응답을 요구한다. • 폐쇄형 질문 : '예, 아니요'와 같은 특정하고 제한된 응답을 요구하는 것이다. • 개방형 질문 : 폐쇄적인 질문과 대조적으로 통상적으로 '무엇을, 어떻게' 등과 같은 단어로 시작됨. 내담자가 말할 수 있는 응답 시간이 충분하게 주어져야 한다.
관계지향적 면담	• 재진술과 감정의 반향 등이 주로 이용된다. • 재진술은 내담자에 대한 단순한 반사적 반응이다. • 감정의 반향은 언어적 · 비언어적 표현임을 제외하고는 재진술과 유사하다. 반향은 여러 수준에서 이루어지며 다른 것 이상의 공감을 전달한다.

2　정보지향적 면담 3가지의 요소와 내용을 설명하시오.

정답　① 탐색해 보기 : '누가, 무엇을, 어디서, 어떻게'로 시작되는 질문으로 한두 마디 단어 이상의 응답을 요구한다.
② 폐쇄형 질문 : '예, 아니요'와 같은 특정하고 제한된 응답을 요구하는 것이다.
③ 개방형 질문 : 폐쇄적인 질문과 대조적으로 통상적으로 '무엇을, 어떻게' 등과 같은 단어로 시작된다. 내담자가 말할 수 있는 응답 시간이 충분하게 주어져야 한다.

3　초기면담의 주요 요소인 관계형성을 위한 상담기법 9가지 중에서 5가지의 요소와 내용을 설명하시오.

정답　① 친밀교감 형성 : 내담자가 가지고 있는 긴장감을 풀어 주도록 노력하고, 상담 관계에서 유지되는 윤리적 문제와 비밀 유지의 원칙을 설명함으로써 불안을 감소시키고 친밀감을 형성시키는 과정이다.
② 감정이입 : 상담자가 길을 전혀 잃어버리지 않고 마치 자신이 내담자 세계에서의 경험을 하는 듯한 능력이다.
③ 언어적 행동 및 비언어적 행동 : <u>언어적 행동은</u> 내담자에게 중요한 것이 무엇인가를 논의하거나 이해시키려는 열망을 보여주는 의사소통을 포함한다. <u>비언어적 행동은 미소, 몸짓, 기울임, 눈 맞춤, 끄덕임 등이</u> 있다.
④ 자기 노출 : 자신의 사적인 정보를 드러내 보임으로써 자기 자신에 대해서 다른 사람이 알 수 있도록 하는 것이다.
⑤ 즉시성 : 상담자가 상담자 자신의 바람은 물론 내담자의 느낌, 인상, 기대 등에 대해서 이를 깨닫고 대화를 나누는 것이다.
⑥ 유머 : 상담에서 유머는 민감성과 시의성을 동시에 요구한다. 내담자의 저항을 우회할 수 있고 긴장을 없앨 수 있을 뿐만 아니라 내담자를 심리적 고통에서 벗어나도록 도울 수도 있다.
⑦ 직면 : 내담자가 인정하고 싶지 않은 자신의 모순된 모습을 똑바로 바라볼 수 있도록 하기 위한 상담자의 지적이다.
⑧ 계약 : 목표 달성에 포함된 과정과 최종 결과에 초점을 두고 이루어지는 상담자와 내담자의 약속이다.
⑨ 리허설 : 내담자에게 선정된 행동을 연습하거나 실천하도록 함으로써 내담자가 계약을 실행하는 기회를 최대화하도록 도울 수 있다.
※ 위 내용 중 5가지를 선택해서 작성한다.

4 초기면담 시 라포형성에 도움이 되는 언어적 행동과 비언어적 행동을 5가지씩 쓰시오.

1) 언어적 행동

2) 비언어적 행동

정답 1) 언어적 행동
① 이해 가능한 언어를 사용한다.
② 내담자의 진술을 되돌아보고 명백히 한다.
③ 적절한 해석을 한다.
④ 근본적인 신호에 대한 반응을 한다.
⑤ 언어적 강화를 사용한다('음', '알지요', '선생님은' 등).
⑥ 적절하게 정보를 제공한다.
⑦ 자아에 대한 질문에 답한다.
⑧ 긴장을 줄이기 위해 가끔 유머를 사용한다.
⑨ 비판단적으로 행동한다.
⑩ 내담자의 진술을 더 많이 이해하도록 돕는다.
⑪ 내담자로부터 성실한 피드백을 유도하기 위하여 시험적으로 해석하는 단계이다.
※ 위 내용 중 5가지를 선택해서 작성한다.

2) 비언어적 행동
① 내담자와 유사한 톤을 한다.
② 기분 좋은 눈의 접촉을 유지한다.
③ 가끔 고개를 끄덕인다.
④ 표정을 짓는다.
⑤ 가끔 미소를 짓는다.
⑥ 가끔 손짓을 한다.
⑦ 내담자에게 신체적으로 가볍게 접근한다.
⑧ 이야기를 부드럽게 한다.
⑨ 내담자에게 몸을 기울인다.
⑩ 가끔 접촉한다.
※ 위 내용 중 5가지를 선택해서 작성한다.

5 즉시성이 유용한 경우 5가지를 쓰시오.

정답 ① 방향감이 없는 관계의 경우
② 긴장이 감돌고 있을 경우
③ 신뢰성에 의문이 제기될 경우
④ 상담자와 내담자 간에 상당한 정도의 사회적 거리가 있을 경우
⑤ 내담자 의존성이 있을 경우
⑥ 역의존성이 있을 경우
⑦ 상담자와 내담자 간에 친화력이 있을 경우
※ 위 내용 중 5가지를 선택해서 작성한다.

6 초기면담의 단계(7가지 지침)를 쓰시오.

정답 ① 면담 준비
② 내담자와의 만남 및 관계 형성
③ 구조화 – 초기 계약 설정과 비공식적 역할 수립
④ 비밀 유지의 한계 설정
⑤ 평가사항 및 평가방법 인식하기
⑥ 상담 시 필요한 주의사항
⑦ 초기면담의 종결

7 직업상담 내담자 유형 3가지를 쓰고 설명하시오.

정답 ① 솔선수범 유형 : 대부분의 상담자들은 내담자가 협력적인 것으로 생각하고 있으며, 실제로 내담자는 자발적으로 상담하러 오는 경우가 많다.
② 유보적인 태도를 보이는 유형 : 이 유형의 내담자는 대부분 상담과정을 마음 내켜 하지 않기 때문에 상담자가 이 유형의 내담자를 만나면 무엇을 어떻게 해야 할지, 어떤 방법으로 진행해야 할지 당황하게 된다.
③ 상담과정에서 반항적이거나 변화하기를 꺼리거나 변화를 거부하는 유형 : 이러한 내담자들은 상담과정에 적극적으로 참여할 수 있지만, 요구를 변화시키는 고통을 경험하고 싶어하지 않는다. 그 대신 현재 행동의 명확성에 집착한다. 반항적인 내담자의 경우 결정 내리기를 거부하고, 문제를 다루는 데 있어서 피상적이며, 문제를 해결하려는 어떤 행동도 거부하고 상담자가 말하는 어떤 행위도 거부한다.

8 인간중심상담 이론의 상담자의 기본적 태도 세 가지를 쓰고 설명하시오.

정답 ① 공감적 이해 : 상담자와 내담자가 상호작용하는 동안에 발생하는 내담자의 경험과 감정들을 이해하려고 노력하는 것이다.
② 수용적 존중 : 상담자가 내담자를 평가하거나 판단하지 않고, 내담자가 나타내는 어떤 감정이나 행동도 있는 그대로 수용하여 소중히 여기고 존중하는 상담자의 태도이다.
③ 일관적 성실성 : 상담자가 내담자와의 관계에서 순간순간 경험하는 자신의 감정이나 태도를 있는 그대로 솔직하게 인정하고, 경우에 따라서는 솔직하게 표현하는 태도이다.

9 공감적 이해의 수준을 3가지로 쓰고 설명하시오.

정답 ① 공감적 이해의 1, 2수준[인습적 수준] : 상담자가 내담자의 말을 듣고 그에 반응을 보이기는 하지만 주로 자신의 생각에 사로잡혀 있기 때문에 자기주장만을 할 뿐 내담자의 생각이나 느낌과 일치된 의사소통을 하지 못하는 경우이다.

② 공감적 이해의 3수준[기본적 수준] : 상담자는 대체로 내담자의 행동이나 말에 주의를 기울여 내담자의 현재 마음 상태나 전달하려는 내용을 정확하게 파악하고 그에 맞는 반응을 보인다. 내담자의 의견에 대하여 재언급이나 요약 등을 하면서 반응을 보이는 경우가 이에 해당한다.

③ 공감적 이해의 4, 5수준[심층적 수준] : 상담자가 언어적으로 명백히 표현되지 않은 내담자의 내면적 감정, 사고를 지각하고 이를 자신의 개념 틀에 의하여 왜곡 없이 충분히 표현함으로써 내담자의 적극적인 성장 동기를 이해하고 표출한다.

1　기스버스와 무어가 제시한 직업상담 후기단계의 절차를 1), 2), 3)에 알맞게 쓰시오.

행동 취하기	1)	2)	3)	목적 또는 논점이 해결되었으면 상담 관계를 끝내기

정답　1) 직업 목표 및 행동 계획 발전시키기
　　　2) 사용된 개입의 영향 평가하기
　　　3) 목적 또는 목표가 해결되어 있지 않았다면 다시 한 번 순환하기

2　특성·요인 지향적 직업상담 과정 4단계를 쓰시오.

정답　① 내담자와의 관계 형성
　　　② 진로와 관련된 개인적 사정
　　　③ 직업 탐색
　　　④ 정보 통합과 선택

3 인지적 명확성의 범위를 5가지로 쓰시오.

정답 ① 정보 결핍
② 고정관념
③ 경미한 정신건강의 문제
④ 심각한 정신건강의 문제
⑤ 기타 외적 요인들

TIP 인지적 명확성의 범위

범위 분류	문제 내용	상담
정보 결핍	왜곡된 정보에 집착하거나 정보 분석 능력이 보통 이하인 경우, 변별력이 낮은 경우이다.	바로 직업상담 진행
고정관념	경험 부족에서 오는 관념, 편협된 가치관, 낮은 자기효능감, 의무감에 의한 집착성 등이다.	바로 직업상담 진행
경미한 정신건강의 문제	잘못된 결정 방법이 진지한 결정 방법을 방해하는 경우, 낮은 자기효능감, 비논리적 사고, 공포증이나 말더듬 등을 포함한다.	직업 심리치료후 직업상담
심각한 정신건강의 문제	심각한 정신건강의 문제는 심각하게 손상된 정신건강이나 약물 남용 등에 의한 것이다.	직업 심리치료후 직업상담
기타 외적 요인들	일시적인 위기나 일시적이거나 장기적인 스트레스에서 온다.	개인상담 후 직업상담

2021년, 2016년, 2007년

4 인지적 명확성이 부족한 내담자의 유형을 5가지만 쓰시오.

정답 ① 단순 오정보
② 구체성의 결여
③ 가정된 불가능
④ 파행적 의사소통
⑤ 강박적 사고

TIP 인지적 명확성의 문제 유형

① 단순 오정보, ② 복잡 오정보, ③ 구체성의 결여, ④ 가정된 불가능/불가피성, ⑤ 원인과 결과 착오, ⑥ 파행적 의사소통[아직, 그러나], ⑦ 강박적 사고, ⑧ 양면적 사고, ⑨ 걸러내기 – 좋다나쁘다만 듣는 경우, ⑩ 하늘은 스스로 돕는 자를 돕는다[순교자형], ⑪ 비난하기, ⑫ 잘못된 의사결정 방식, ⑬ 자기 인식의 부족, ⑭ 무력감, ⑮ 고정성, ⑯ 미래 시간에 대한 미계획, ⑰ 높고 도달할 수 없는 기준에 기인한 낮은 자긍심, ⑱ 실업 충격 완화하기

※ 위 내용 중 5가지를 선택해서 작성한다.

5 다음 제시된 내담자의 자기진술을 읽고 내담자의 호소논점을 4가지 기술하시오.

> "아무데나 괜찮은 곳으로 알선해 주세요. 전 뭐, 크게 바라는 거 없어요. 제가 체력이 약하니깐 일이 너무 힘들지 않은 곳이면 되어요. 급여는 뭐.. 그냥 남들 정도면 되고요. 당장이라도 취업할 준비는 되어 있는데... 서류를 내도 번번이 떨어지니까 뭐가 문제인지 모르겠고, 그냥 이제 알아서 아무데나 알선해 주시면 좋겠어요."

정답
① 낮은 동기와 낮은 인지적 명확성이 확인되고, 구체성이 현저히 결여되어 있다.
② 말로는 당장 취업하고 싶다고 하지만 취업을 위한 현실적인 준비가 되어 있지 않다.
③ 자신의 문제에 대한 인식이 명확하지 않고 상담자에게 전적으로 의존한다.
④ 당장 취업하는 것이 논점인 것처럼 보이나, 내담자의 태도와 관련된 논점을 확인할 수 있다.

1 　상담 구조화의 기능 4가지를 쓰시오.

> **정답** 　① 오리엔테이션의 기능
> 　② 내담자의 불안감 감소
> 　③ 면담 자체로서의 기능
> 　④ 상담의 안정적 수행

2 　상담 구조화의 유의 사항을 5가지 기술하시오.

> **정답** 　① 구조화는 타협해야 하는 것이지 강요되어서는 안 된다.
> 　② 구조화는 내담자를 체벌하는 방식으로 이루어져서는 안 된다.
> 　③ 구조화하는 이유를 내담자에게 설명해야 한다.
> 　④ 내담자의 준비도와 상담관계의 흐름 등을 고려하여 구조화 시기를 정한다.
> 　⑤ 지나치게 경직된 구조화는 내담자의 좌절과 저항을 유발할 수 있다.
> 　⑥ 불필요하고 목적이 없는 규칙은 오히려 내담자의 활동을 억제한다.
> 　⑦ 내담자의 인지, 정서, 행동적 특성을 고려해야 한다.
> 　⑧ 상담관계를 원활하게 하는 것이 목적이며 치료적 효과가 있는 것은 아니다.
> 　⑨ 상담의 초기단계에서 한 번으로 끝나는 것이 아니라 지속적으로 반복해서 상담 전 과정에서 상담을 재구조화해 나간다.
> 　※ 위 내용 중 5가지를 선택해서 작성한다.

3 상담 구조화의 내용 3가지를 쓰시오.

정답 ① 상담관계의 구조화
　　　② 상담실제의 구조화
　　　③ 상담윤리의 구조화

TIP 상담 구조화의 내용

구조화		내용
상담관계의 구조화	상담자와 내담자의 기대 조정	서로의 기대와 오해를 확인하고, 이것이 확실해지면 상담과정 동안 일어날 일에 대해 차이점을 해결하고 일치점을 만드는 것이 구조화 과정의 핵심이다.
	공식적 · 비공식적 역할의 구조화	• 상담자와 내담자의 역할과 규범 등을 설명하고 협의한다. • 내담자는 스스로 문제해결능력을 키워야 하며, 상담자는 문제해결의 과정을 돕고 조력하는 역할 임을 확인한다. 내담자는 자신의 변화가 문제해결의 실마리임을 알고 성실히 상담에 임하며, 상담자는 전문가로서 신뢰를 형성하는 데 노력하는 등 비공식적 역할에 대한 것도 구조화에 포함된다.
상담실제의 구조화		상담실제에 대한 구조화는 상담시간, 상담장소, 상담비용, 상담빈도, 총 상담 횟수, 연락방법, 상담시간 엄수 및 취소 등에 대한 정보를 설명하고 이해하도록 한다.
상담윤리의 구조화		상담 관련 윤리적 내용은 비밀보장, 이중관계 금지, 내담자의 알 권리 보장 등에 대한 전문가로서 지켜야 할 내용을 포함한다.

4   비밀보장의 한계 3가지를 기술하시오.

정답 ① 내담자가 자신이나 타인의 생명 혹은 사회의 안전을 위협하는 경우
② 내담자가 감염성이 있는 치명적인 질병이 있다는 확실한 정보를 가졌을 경우
③ 미성년의 내담자가 학대를 당하고 있는 경우
④ 내담자가 아동학대를 하는 경우
⑤ 법적으로 정보의 공개가 요구되는 경우
※ 위 내용 중 3가지를 선택해서 작성한다.

5   생애진로사정의 구조 중 '진로사정'의 3가지 부분을 쓰시오.

정답 ① 일의 경험
② 교육 또는 훈련 과정 및 관심사
③ 오락

6 직업상담의 구조화된 면담법으로서 생애진로사정(LCA; Life Career Assessment)의 구조 4가지를 쓰고, 각각에 대해 설명하시오.

정답 ① 진로사정 : 내담자의 직업경험, 교육 또는 훈련과정과 관련된 문제들, 여가활동에 대해 사정한다.
② 전형적인 하루 : 내담자가 생활을 어떻게 조직하는지를 시간의 흐름에 따라 체계적으로 기술한다.
③ 강점과 장애 : 내담자가 스스로 생각하는 주요 강점 및 장애에 대해 질문한다.
④ 요약 : 내담자 스스로 자신에 대해 알게 된 내용을 요약해 보도록 한다.

TIP 생애진로사정의 구조

진로사정	일의 경험	• 직업은 성격에 따라 시간제 · 정시제, 유급 · 무급 등으로 나뉜다. • 일의 경험을 사정하려면 내담자에게 과거 또는 현재의 직업을 서술하게 한다. • 내담자에게 수행했던 직무를 적도록 하고 직무에 관하여 가장 좋았던 것과 싫었던 것을 적도록 한다.
	교육 또는 훈련 과정 및 관심사	• 진로사정은 내담자에게 교육 또는 훈련 경험에 대한 일반적인 진로경로를 작성하게 하는 데서 시작된다. • 내담자에게 가장 좋아하는 것과 가장 싫어하는 것을 질문하여 구조를 진전시키는데, 대개 주제는 좋음과 싫음으로 나타나기 시작한다.
	오락	• 생애진로사정에서 오락영역을 사정하기 위해서는 내담자들이 여가시간에 무엇을 하는지를 질문하여야 한다. • 이때 오락활동이 일과 교육적 주제와 일치하는지의 여부가 중요하다. 여가시간의 사정은 사랑과 우정 관계를 탐색하는 데에도 유용하다.
전형적인 하루		• 생애진로사정을 실시하는 동안 나타난 많은 주제들은 활동적-수동적, 사교적-비사교적 등과 같은 본질적인 대립들을 보인다. • 생애진로사정 부분에서 전형적인 하루 동안 검토되어야 할 성격 차원은 의존적-독립적 성격 차원, 그리고 자발적-체계적 성격 차원이다.
강점과 장애		• 생애진로사정의 강점 및 장애 부분에 대해서는 내담자가 믿고 있는 자기 자신의 주요 강점과 주요 장애가 무엇인지를 질문한다. • 강점 및 장애에 대한 사정은 내담자가 다루고 있는 문제와 내담자를 돕기 위해 내담자가 마음대로 사용하는 자원 등에 대하여 직접적인 정보를 준다.
요약		• 요약은 생애진로사정의 마지막 부분이다. 요약하는 데는 두 가지 목적이 있는데, 첫 번째는 면접하는 동안에 수집된 정보를 강조하는 것이다. • 요약할 때 수집된 모든 정보를 검토할 필요는 없지만, 주도적인 생애 주제, 강점, 장애 등은 반복해서 검토하여야 한다. • 이 부분에서는 상담자가 내담자에게 깨달은 것을 요약하도록 하는 것이 도움이 되는데, 이는 내담자에게 깨달은 것을 표현하도록 함으로써 정보의 충돌을 증가시키고 자기 인식을 증진시킬 수 있기 때문이다.

7 생애진로사정으로 얻을 수 있는 정보 4가지를 기술하시오.

정답 ① 내담자의 일의 경험, 교육의 성취 등과 같은 비교적 객관적이고 사실적인 유형의 정보
② 내담자의 기술과 유능에 대한 평가 정보
③ 상담자가 내담자의 기술과 능력을 추론하여 판단한 정보
④ 내담자의 자신에 대한 인식으로서 내담자의 가치와 관련된 정보

8 생애진로사정의 유용한 점 4가지를 쓰시오.

정답 ① 내담자의 일의 경험, 교육의 성취 등과 같은 비교적 객관적이고 사실적인 유형의 정보를 얻는다.
② 내담자의 기술과 유능에 대한 평가 정보를 얻을 수 있다.
③ 상담자가 내담자의 기술과 능력을 추론하여 판단할 수 있다.
④ 내담자의 자신에 대한 인식으로서 내담자의 가치와 관련하여 정보를 얻을 수 있다.

9 기스버스와 무어(Gysbers & Moore, 1987)의 9가지 상담기법 중 5가지를 쓰시오.

정답
① 가정 사용하기
② 의미 있는 질문 및 지시 사용하기
③ 전이된 오류 정정하기
④ 분류 및 재구성하기
⑤ 저항감 재인식하기 및 다루기
⑥ 근거 없는 믿음 확인하기
⑦ 왜곡된 사고 확인하기
⑧ 반성의 장 마련하기
⑨ 변명에 초점 맞추기
※ 위 내용 중 5가지를 선택해서 작성한다.

2025년

1 특성 – 요인 상담의 빈칸의 과정을 쓰고 설명하시오.

> 분석 → (　1)　) → (　2)　) → (　3)　) → 상담 → 추수지도

정답
1) 종합 : 수집된 각종 자료를 종합하여 내담자의 특성을 총체적으로 이해
2) 진단 : 얻어진 정보나 인상을 가지고 상담자는 내담자의 문제에 대하여 그 성질과 원인에 대하여 판단한다.
3) 예측 : 조정 가능성 및 문제들의 결과에 대한 다양한 가능성 판단, 대안적 조치와 중점 사항을 예측한다.

TIP 특성 – 요인 상담의 단계와 내용

단계	내용
분석	내담자에 관한 각종 기록 자료를 수집하고, 면담, 심리검사 등을 통하여 개인적 특성을 파악한다.
종합	수집된 각종 자료를 종합하여 내담자의 특성을 총체적으로 이해한다.
진단	얻어진 정보나 인상을 가지고 상담자는 내담자의 문제에 대하여 그 성질과 원인에 대하여 판단한다.
예측	조정 가능성 및 문제들의 결과에 대한 다양한 가능성 판단, 대안적 조치와 중점 사항을 예측한다.
상담	대안 중에서 가장 좋은 것을 한 가지 이상 선택하고, 앞으로 직업에 적응하고 성공하기 위한 준비나 대책을 마련할 수 있도록 조력한다.
추수지도	상담을 종료한 후 내담자에게 다시 문제가 발생했을 때나 상담의 효과를 확인, 내담자가 바람직한 행동 계획을 실행하도록 계속적으로 돕는다.

2 수퍼(Super)의 발달적 직업상담 평가유형 3가지를 쓰고 설명하시오.

정답 ① 문제 평가 : 내담자가 겪고 있는 어려움과 직업 상담에 대한 기대를 평가 한다.
② 개인 평가 : 다양한 심리 검사와 사례연구 등으로 내담자 개인을 평가한다.
③ 예언 평가 : 문제 평가와 개인 평가를 바탕으로 내담자가 어떤 직종에서 성공하고 만족할 수 있는 지 예측한다.

3 수퍼(Super)의 C-DAC 평가모형 4단계를 쓰시오.

정답 ① 내담자의 생애구조와 직업역할의 평가
② 내담자의 진로발달 수준과 자원에 대한 평가
③ 직업적 정체성 평가
④ 직업적 자기개념과 생애주제 평가

TIP C-DAC 평가모형(Career Development Assessment Counseling)

단계	내용
내담자의 생애구조와 직업역할의 평가	6가지 역할 중 직업인으로서의 역할이 자녀, 학생 등의 역할에 비해 얼마나 더 중요한지 탐색한다.
내담자의 진로발달 수준과 자원에 대한 평가	• 상담자는 어떤 발달과업이 내담자와 연관되어 있는지를 확인해야 한다. • 내담자의 주요 발달과업을 확인하고 내담자의 자원을 평가한다.
직업적 정체성 평가	가치, 능력, 흥미의 측면에서 내담자의 직업적 정체성을 파악하고 다양한 생애역할에 어떻게 나타나는지를 탐색한다.
직업적 자기개념과 생애주제 평가	• 내담자가 자신과 자신의 다양한 생애주제에 대해 어떻게 이해하고 있는지 자아개념을 평가한다. • 상담자는 내담자가 현재의 자신을 어떻게 묘사하는지 경청함으로써 생애전반에 초점을 두는 종단적 평가와 자아개념에 초점을 둔 횡단적 평가를 병행한다.

4 수퍼의 경력개발이론에서 경력개발 5단계를 쓰고 각 단계에 대해 설명하시오.

정답 ① 성장기(출생 ~ 14세, 15세) : 욕구와 환상이 지배적이나 사회참여와 현실 검증력의 발달로 점차 흥미와 능력을 중시하게 된다.
② 탐색기(15 ~ 24세) : 학교생활, 여가활동, 시간제 일을 통해 자아검증, 역할수행, 직업탐색을 시도한다.
③ 확립기(25 ~ 44세) : 자신에게 적합한 분야를 발견해서 생활의 터전을 마련하고자 한다.
④ 유지기(45 ~ 64세) : 개인은 비교적 안정된 만족스러운 삶을 살아간다.
⑤ 쇠퇴기(65세 이후) : 직업 전선에서 은퇴하여 새로운 역할과 활동을 찾게 된다.

5 고트프레드슨이 제시한 직업포부 4단계를 연령별로 설명하시오.

정답 ① 힘과 크기 지향성(3 ~ 5세) : 사고 과정이 구체화되며, 어른이 된다는 것의 의미를 알게된다.
② 성역할 지향성(6 ~ 8세) : 자기개념이 성의 발달에 의해서 영향을 받게 된다.
③ 사회적 가치 지향성(9 ~ 13세) : 사회계층 및 사회질서에 대한 개념의 발달과 함께 '상황 속 자기'를 인식한다.
④ 내적, 고유한 자아 지향성(14세 이후) : 자아성찰과 사회계층의 맥락에서 직업적 포부가 더욱 발달하게 된다.

TIP 고트프레드슨(Gottfredson)의 작업포부의 발달단계

단계	내용
힘과 크기 지향성(3 ~ 5세)	사고과정이 구체화되며, 어른이 된다는 것의 의미를 알게 된다.
성역할 지향성(6 ~ 8세)	자아개념이 성의 발달에 의해서 영향을 받게 된다.
사회적 가치 지향성(9 ~ 13세)	사회계층에 대한 개념이 생기면서 자아를 인식하게 되고, 일의 수준에 대한 이해를 확장시킨다.
내적, 고유한 자아 지향성(14세 이후)	내성적인 사고를 통하여 자아인식이 발달되고 타인에 대한 개념이 생겨나며, 자아성찰과 사회계층의 맥락에서 직업적 포부가 더욱 발달하게 된다.

6 사회학습 이론에서 진로발달 과정에 영향을 주는 요인 4가지를 쓰시오.

정답 ① 유전적 요인과 특별한 능력
② 환경조건과 사건
③ 학습경험
④ 과제 접근기술

TIP 사회학습 이론에서 진로발달 과정에 영향을 주는 요인

요인	내용
유전적 요인과 특별한 능력	유전적 요인과 특별한 능력을 진로결정 과정의 영향요인으로 보아야 하며, 개인의 진로기회를 제한하는 타고난 특질도 포함된다.
환경조건과 사건	개인의 통제를 넘어서 영향을 미치는 영향요인으로 환경에서의 특정한 사건, 기술발달, 활동, 진로선호 등이다.
학습경험	학습활동의 결과와 진로계획 및 발달에 대한 영향은 무엇보다도 활동, 개인의 유전적 특성, 특별한 능력과 기술, 과업 자체 등의 강화 혹은 비강화에 의해 결정된다.
과제 접근기술	문제 해결기술, 작업습관, 정신구조, 정서적·인지적 반응 등과 같이 개인이 발달시켜 온 기술의 집합이다. 이러한 발달된 기술의 집합은 개인이 직면한 문제와 과업의 결과를 결정한다.

7 윌리엄슨 특성 – 요인 이론적 접근을 적용한 직업상담 문제 진단에 따른 상담전략을 바르게 연결하여 해당 문제 진단명을 쓰시오.

문제 진단	상담전략
①	직접체험을 권장
②	선택을 취소, 다른 대안 제시, 흥미검사와 직업정보를 사용하여 내담자의 사고 확대
③	직접적인 충고, 흥미검사와 직업정보의 사용
④	관련 분야 제안, 각 직업의 이해득실 검토

정답 ① 불확실한 선택
　　　② 현명하지 못한 선택
　　　③ 진로 무선택
　　　④ 흥미와 적성의 불일치

TIP 직업상담 문제 진단에 따른 상담전략 사례[특성 – 요인 이론적 접근]

문제 진단	상담전략
불확실한 선택	• 내담자가 직업을 선택했으나 자신의 결정에 의심을 나타낸다. 섣부른 선택, 교육수준의 부족, 자기 이해의 부족, 직업세계에 대한 이해 부족, 실패에 대한 두려움, 친구와 가족에 대한 걱정, 자신의 적성에 대한 불안 등의 요인이다. • 상담전략 : 직접체험을 권장한다.
현명하지 못한 선택	• 내담자의 능력과 흥미 간의 불일치, 내담자의 능력과 직업요구 간의 불일치, 목표와 맞지 않는 적성, 흥미와 관계없는 목표, 직업 적응을 어렵게 하는 성격, 입직 기회가 아주 적은 직업의 선택, 친구·친척의 고용 약속을 믿고 한 선택, 부모·타인의 압력에 따른 선택, 직업정보의 결핍, 특권에 대한 갈망, 진로에 대한 오해 등의 요인이다. • 상담전략 : 선택을 취소, 다른 대안 제시, 흥미검사와 직업정보를 사용하여 내담자의 사고를 확대한다.
진로 무선택	• 진로를 선택하지 못하고, 자신이 무엇을 원하는지 모른다고 진술하는 경우 등이다. • 상담전략 : 직접적인 충고, 흥미검사와 직업정보를 사용한다.
흥미와 적성의 불일치	• 흥미 있는 직업에 적성이 낮은 경우, 적성이 있는 직업에 흥미가 낮은 경우, 흥미가 있는 직업이 있으나 그 직업을 가질 능력이 부족한 경우 등이다. • 상담전략 : 관련 분야 제안, 각 직업의 이해득실을 검토한다.

2025년

8 윌리엄슨(Williamson) 특성 – 요인 상담의 변별진단 4가지를 쓰시오.

정답 ① 불확실한 선택
② 현명하지 못한 선택
③ 진로 무선택
④ 흥미와 적성의 불일치

2022년

9 직업적응이론에서 개인이 환경과 상호작용하는 특성을 나타내는 성격양식 차원의 4가지 성격유형 요소들을 쓰고, 각각에 대해 설명하시오.

정답 ① 민첩성 : 정확성보다는 속도를 중시한다.
② 역량 : 작업자의 평균 활동수준을 의미한다.
③ 리듬 : 활동에 대한 다양성을 의미한다.
④ 지구력 : 다양한 활동수준의 기간을 의미한다.

10 직업적응이론에서 중요하게 다루는 직업가치를 6가지 쓰시오.

정답　① 성취
　　　② 이타심 또는 이타주의
　　　③ 자율성 또는 자발성
　　　④ 안락함 또는 편안함
　　　⑤ 안정성 또는 안전성
　　　⑥ 지위

1 초기면담 종결 시 유의할 점 3가지를 쓰시오.

정답 ① 내담자와 상담자 간의 역할과 비밀 유지에 관해 상호 약속한 동의 내용을 요약한다. 이 요약은 상담자가 할 수도 있고, 내담자가 할 수도 있다.
② 상담을 진행하면서 필요하다면 과제물을 부여할 수 있다.
③ 상담 시 반드시 지켜야 할 준수 사항을 모두 지킨다.

2 초기면담 요약의 목적 3가지를 기술하시오.

정답 ① 상담과정 중 나누었던 대화의 내용에 대해 상담자와 내담자가 상호 간에 제대로 이해했는지 확인하기 위한 목적이 있다.
② 상담을 통해 확인된 정보와 합의된 주요 사항들에 대해 한 번 더 강조하고, 필요한 경우 과제를 제시하기 위한 목적이 있다.
③ 상담이 어디까지 이루어졌는지 진행과정을 명확히 하고, 다음 회기에 대한 계획을 점검하는 데 목적이 있다.

03 진로상담

 진로논점 파악하기

1 상담동기의 자발성에 따른 상담자와 내담자의 관계 유형 3가지 요소와 설명을 쓰시오.

정답 ① 고객 유형 : 자신의 문제를 인식하고 그 문제를 상담을 통해 변화시키겠다는 동기가 강한 사람으로 상담에 대해 현실적인 기대를 가지고 있다.
② 방문자 유형 : 본인의 의지와 상관없이 기관이나 부모에 의해서 비자발적으로 온 내담자로 상담에 대하여 알아보려고 하는 내담자이다.
③ 불평자 유형 : 자신보다는 주변 다른 삶의 문제를 호소한다. 주로 불평만 할 뿐 변화에 대한 의지나 동기 수준이 낮고 자신이 변화해야 한다는 인식이 부족한 경우이다.

2 심리문제와 진로문제가 서로 분리될 수 없는 이유 4가지를 설명하시오.

정답 ① 총체적인 접근 : 진로상담은 중요하고 의미 있는 역할들을 포함하여 전인적인 관점에서 개인의 삶을 돕는 총체적인 접근이므로 심리문제를 진로문제와 구별하는 것은 무의미하다.
② 삶과 진로 : 개인의 삶과 진로는 분리될 수 없는 것이어서 진로상담에서 이 둘을 함께 고민해야 한다.
③ 진로상담과 심리상담의 과정 : 진로상담과 심리상담의 과정은 유사한 부분이 매우 많다. 진로상담 역시 무엇보다 내담자와 상담자의 목표에 대한 합의, 과제에 대한 합의, 유대감으로 구성되는 상담 협력 관계에 기초를 두고 있다.
④ 심리문제의 해결과 진로상담 : 진로상담 과정에서 심리문제가 해결되지 않는 내담자들은 진로상담 종료 후에도 진로준비 행동으로 이어지지 못함을 지적하였으며, 진로상담에서 이러한 문제들을 함께 개입해야 함을 제시하였다.

3　진로탐색에서 전형적으로 다루는 문제 영역인 내담자의 진로 관심사 4가지를 쓰시오.

정답　① 진로탐색과 의사결정
　　　② 직업적 또는 일반적 기술 발달
　　　③ 직업탐색 기술
　　　④ 직업유지 기술

TIP　내담자의 진로 관심사

구분	내용
① 진로탐색과 의사결정	• 이 영역에서 문제를 가진 내담자는 진로 선택에 확신이 없고 결정을 내리는 것을 어려워한다. • 노동시장에 대한 정보가 부족하거나 기술, 가치, 흥미 및 개인적 스타일에 대한 자기 이해가 부족한 것과 관련된 문제일 수 있다.
② 직업적 또는 일반적 기술 발달	• 이 영역에서 문제를 가진 내담자는 구직 기회를 활용하는 기술의 훈련이 부족하다. • 교육을 받을 수 있는 공신력 있는 기관에 대한 정보를 상담자가 가지고 있는 것이 중요하다.
③ 직업탐색 기술	직업탐색 기술은 시간에 따라 변화한다. 직업탐색 기술에 대하여 상담자가 방법을 제안해주기를 내담자가 기대할 수 있으나, 내담자 스스로 기술에 대한 정보를 탐색할 수 있도록 지원하는 것이 중요하다.
③ 직업유지 기술	취업도 중요하지만 그 자리를 유지하고 성취하는 방법에 대하여도 진로 관심을 가질 수 있음을 확인한다.

4　몰입 경험에 따른 진로문제 유형 4가지를 쓰고 설명하시오.

정답　① 제1유형 : 통합 · 분화 발달 집단(보다 높은 자기발전 추구)
　　　② 제2유형 : 통합 미발달, 분화 발달 집단(부정적인 몰입 경험)
　　　③ 제3유형 : 통합 발달, 분화 미발달 집단(비현실적인 기대)
　　　④ 제4유형 : 통합 · 분화 미발달 집단(무망감)

5 다음에 제시된 몰입 이론 측정 결과를 확인하여, 몰입 경험에 따른 진로문제의 유형, 집단, 발생 가능한 진로문제를 모두 쓰고, 그 유형(집단)의 특성을 3가지 기술하시오.

> 몰입척도 측정 결과 : 몰입 경험 +6, 삶의 의미 −5

1) 진로문제의 유형, 집단, 발생 가능한 진로문제
   (　　　　　　) – (　　　　　　　　　　　　) – (　　　　　　　　　　　)

2) 유형(집단)의 특성 3가지

정답 1) 진로문제의 유형, 집단, 발생 가능한 진로문제
   (제 2유형) – (통합 미발달, 분화 발달 집단) – (부정적인 몰입 결험)
2) 유형(집단)의 특성 3가지
   ① 일상의 몰입 경험은 높지만, 삶의 의미가 낮은 집단이다.
   ② 일상에서 몰입 경험은 많지만, 이들 활동이 수렴된 의미를 갖지 못한다.
   ③ 분화는 잘 일어나지만 통합이 적절하게 발달하지 못했기 때문에 몰입 경험은 보다 높은 재능 발달을 창출해내지 못한다.
   ④ 정신적 에너지는 파편화되고 낭비되며 적절한 의미 부여가 되지 못한 몰입 경험은 진로 관련 불안과 혼란을 야기한다.

6 몰입이론 적용 진로상담의 방법 3가지를 쓰시오.

정답 ① 개인적 특성을 이해하는 방법
② 직업정보 제공 방법
③ 몰입경험 통제 능력 촉진 방법 : 동기 수준의 유지 방법, 목표의 구체화 방법, 피드백 통로 마련 방법

7 몰입 경험 통제하는 능력을 촉진하는 방법 3가지를 쓰시오.

정답 ① 동기 수준의 유지 방법
② 목표의 구체화 방법
③ 피드백 통로 마련 방법

1 강점 분류체계(VIA : value in action)의 6가지의 핵심 덕목을 쓰시오.

정답 ① 지혜 및 지식
② 용기
③ 자애
④ 절제
⑤ 정의
⑥ 초월성

TIP 강점 분류체계(VIA : value in action) : 6가지의 핵심 덕목과 24개의 성격강점을 분류하였다.

덕목	내용	요소
지혜 및 지식	더 나은 삶을 위해 지식을 습득하고 활용하는 것과 관련된 인지적 강점이다.	창의성, 호기심, 개방성, 학구열, 지혜
용기	목표 추구 과정에서 난관에 직면하더라도 이를 극복하면서 목표를 성취하려는 강인한 투지의 성격적 강점이다.	용감성, 끈기, 활력, 진실성
자애	다른 사람을 보살피고 이해하며, 그들과 따뜻하고 친밀한 관계를 형성하도록 돕는 성격적 강점이다.	사랑, 친절, 사회지능
절제	지나침으로부터 우리를 보호해주는 성격적 강점이다.	용서, 겸손, 신중성, 자기조절
정의	모든 개인과 개인을 둘러싼 사회 간의 건강한 상호작용에 기여하는 성격적 강점이다.	시민의식, 리더십, 공정성
초월성	현상과 행위에 대해 의미를 부여하고 보다 큰 우주와의 연결성을 추구한다.	감상력, 낙관성, 감사, 영성, 유머감각

2 진로 가계도를 해석할 때 고려할 사항 4가지를 쓰시오.

정답 ① 가계도의 선과 기호를 탐색함으로써 가족의 전체적인 구조를 확인한다.
② 가계도 상에서 세대 간 반복되는 직업의 유형을 탐색한다.
③ 가족 구성원의 역할과 이들 직업 사이의 특성(or 관계)를 알아본다.
④ 선을 탐색하여 가족 상호작용의 관계 유형을 이해한다.

3 SWOT 분석 후 수립하는 4가지 전략과 그 의미를 기술하시오.

1) SO

2) ST

3) WO

4) WT

정답 1) SO(공격적인 전략) : 강점을 가지고 기회를 살리는 전략이다.
2) ST(다양화 전략) : 강점을 활용해 외부환경의 위협 요소를 최소화하는 전략이다.
3) WO(방향전환 전략) : 약점을 보완하여 외부환경의 기회를 살리는 전략 또는 외부환경의 기회를 활용해 자신의 약점을 보완할 수 있는 전략이다.
4) WT(방어적 전략) : 약점을 보완하여 외부 환경의 위협 요소를 최소화하는 전략이다.

TIP SWOT 매트릭스

구분	기회	위협
내부 요소	[강점(S)] 분석 대상이 가지고 있는 유·무형의 자산으로 성과를 만드는 데 긍정적인 역할을 하는 내부 요소이다.	[약점(W)] 특정한 목표를 달성하거나 성과를 만드는 데 방해가 되는 내부 요소이다.
외부 요소	[기회(O)] 분석 대상의 지속적인 생존이나 성장에 긍정적인 영향을 주는 외부 요소이다.	[위협(T)] 목표를 달성하는 데 장애가 되거나 위험이 되는 외부 요소이다.

TIP 진로 SWOT 매트릭스[강점은 활용, 약점은 보완, 기회는 살리고(활용), 위협은 최소화(or 회피)]

구분	긍정적 요소	부정적 요소
내부 요소	SO : 공격적인 전략 • 강점을 가지고 기회를 살리는 전략이다. • 기회를 살리기 위한 강점을 발굴한다. • 나의 강점을 이용하여 진로역량을 개발하기 위해서는?	ST : 다양화 전략 • 강점을 활용해 외부환경의 위협 요소를 최소화하는 전략이다. • 위협을 회피하기 위해 강점을 발굴한다.
외부 요소	WO : 방향전환 전략 • 약점을 보완하여 기회를 살리는 전략이다. • 외부 환경의 기회를 활용해 자신의 약점을 보완할 수 있는 전략이다. • 약점을 회피(보완)하기 위한 기회를 발굴한다.	WT : 방어적 전략 • 약점을 보완하여 외부 환경의 위협요소를 최소화하는 전략이다. • 약점을 보완할 수 없고 위협을 회피할 수 없다면 정면대결 또는 철수한다.

1   진로정보에 대한 필요 수준에 따라 제공하는 정보의 수준과 방법 또는 연계에 대해 기술하시오.

정답
① 진로정보에 대한 관심이 낮음, 정보량은 필요 이상으로 많음 → 그 이유를 물어보고 내담자의 정확한 욕구를 탐색
② 진로정보에 대한 관심도 낮음, 가지고 있는 정보량이 적음 → 내담자의 문제를 다시 검토
③ 진로정보에 대한 관심이 높음, 가지고 있는 정보량이 적음 → 적극적으로 직업정보를 탐색

2   내담자의 필요에 따른 진로정보를 제공하는 교육적 목적 3가지를 쓰시오.

정답
① 정보를 알려주기
② 발전 및 확장하기
③ 수정하기

3   내담자의 필요에 따른 진로정보를 제공하는 동기부여를 위한 목적 3가지를 쓰시오.

정답
① 자극하기
② 도전감을 갖도록 하기
③ 확신감을 갖도록 하기

4 조앤(Joann, 2002)의 직업정보 역할에 초점을 둔 직업선택 의사결정과정 6단계를 순서대로 기술하시오.

정답
① 1단계 : 직업선택의 인식
② 2단계 : 개인의 직업특성 평가
③ 3단계 : 적합한 직업의 목록화
④ 4단계 : 직업목록에 관한 직업정보의 수집
⑤ 5단계 : 선택 직업의 결정
⑥ 6단계 : 선택 직업 진입을 위한 실천 행동

5 인터넷상의 진로정보 평가기준 5가지를 쓰고 설명하시오.

정답
① 권한 : 누가 왜 해당 정보를 제공하거나 작성하였는가?
② 신뢰성 : 얼마나 증명 가능한 정보인가?
③ 객관성 : 왜 해당 정보가 해당 위치에 존재하는가? 해당 정보가 혹시 다른 사이트를 홍보하고 있지
는 않은가?
④ 최신성 : 언제 작성된 정보인가? 작성 시기를 파악할 수 있는가?
⑤ 전문성 : 정보가 전문성 있게 제시되어 있는가?

1　의사결정 유형 3가지를 쓰시오.

정답　① 딘클라게(Dinklage)의 의사결정 유형
② 아로바(Arroba)의 의사결정 유형
③ 하렌(Harren)의 의사결정 유형

TIP　의사결정 유형

의사결정 유형	내용
딘클라게(Dinklage)의 의사결정 유형	• 의사결정 유형에 관한 연구는 딘클라게에 의해 처음 시작되었다. • 학생들의 교육, 직업, 개인적 영역에서 과거에 어떤 방식으로 결정했는가에 대한 면접을 한후, 그 자료에 기초하여 계획형, 직관형, 순응형, 운명론형, 충동형, 지연형, 번민형, 마비형의 8가지 의사결정 유형을 분류했다.
아로바(Arroba)의 의사결정 유형	아로바는 다양한 상황에서의 의사결정 사용에 대한 연구에서 의사결정 유형은 논리형, 망설이는 형, 생각 없이 결정하는 형, 직관형, 감정형, 순응형의 6가지 유형으로 구분하였다.
하렌(Harren)의 의사결정 유형	• 하렌은 적절한 자기존중감을 지니고 잘 분화되고 통합된 자아개념을 가지며 자신의 의사결정에 책임을 지는 사람이 효과적인 의사결정을 할 수 있는 사람이라고 하였다. • 효과적인 의사결정자는 적절한 자아존중감과 잘 분화되고 통합된 자아개념을 갖고 있으며, 합리적 의사결정 유형을 활용하고 의사결정에 대한 책임을 지는 사람으로, 성숙한 대인관계와 분명한 목적의식을 가진 사람이다.

하렌 유형	설명
합리적 유형	충분한 정보를 바탕으로 합리적으로 결정하지만 결정에 시간이 오래 걸린다.
직관형 유형	순간적으로 판단하여 다소 충동적으로 결정하지만 결정에 책임진다.
의존형 유형	타인의 의견을 받아들여 결정하지만 결과의 책임을 남에게 돌린다.

2   진로계획시 의미 있는 타인의 역할에 대해 5가지 쓰시오.

정답 ① 의미 있는 타인은 사회적 지지자로서의 역할을 한다.
② 의미 있는 타인은 자기평가에 영향력을 미친다.
③ 유사성이 많을수록 의미 있는 타인으로 여겨진다.
④ 영향력의 상호성이 의미 있는 타인의 기준이 될 수 있다.

3   타인 관여 요청방식의 내용을 5가지 쓰시오.

정답 ① 불확실한 타인 활용
② 협조적 관계 유지
③ 신중한 의사결정
④ 자신에 대한 정보 획득
⑤ 대안의 가중 판단
⑥ 조언을 얻음
⑦ 정보를 얻음
⑧ 진로선택 공유
⑨ 실패한 관여 요청
※ 위 내용 중 5가지를 선택해서 작성한다.

4 타인 관여 방식 5가지 쓰시오.

정답 ① 소극적 지지
② 무조건적인 지지
③ 진로정보 제공
④ 진로대안 제공
⑤ 권유
⑥ 지도
⑦ 비판
※ 위 내용 중 5가지를 선택해서 작성한다.

5 진로목표와 행동계획을 수립시 유의점 4가지 쓰시오.

정답 ① 목표는 구체적이어야 한다.
② 목표는 관찰, 측정 가능해야 한다.
③ 목표가 달성되는 시간이 정해져야 한다.
④ 목표는 달성 가능해야 한다.
⑤ 목표는 기록될 필요가 있다.
⑥ 목표는 명확히 표현되어야 한다.
⑦ 목표는 내담자가 원하고 바라는 것이어야 한다.
※ 위 내용 중 4가지를 선택해서 작성한다.

6 요스트가 제시한 진로계획 평가하는 방법 4가지를 쓰시오.

정답 ① 원하는 성과 연습
② 찬반 연습
③ 대차대조표 연습
④ 확률추정 연습
⑤ 미래를 내다보는 연습
※ 위 내용 중 4가지를 선택해서 작성한다.

1   GROW 코칭 모델에 대해 4가지 쓰고 설명하시오.

정답
① 목표(Goal) : 초기에 대화 주제에 대한 초점을 목표에 둔다.
② 현실(Reality) : 현재의 문제 상황, 즉 현실에 대해 살펴본다.
③ 대안(Option) : 목표를 이루기 위해 그동안 시도했던 실패와 성공의 경험, 배울 것 등 새로운 대안을 탐색하게 된다.
④ 실행의지(will) : 구체적인 실행계획을 합의하고 지속적으로 실행할 수 있는 후원 환경을 점검하여 다짐하는 단계이다.

2   사회적지지 척도 4가지를 쓰시오.

정답
① 정서적 지지
② 평가적 지지
③ 정보적 지지
④ 물질적 지지

3   론돈(London)의 진로동기 모델의 개념 3가지를 쓰고 설명하시오.

정답
① 진로정체성 : 진로동기의 방향성을 결정하는 요소이다.
② 진로통찰력 : 진로동기를 촉발하는 요소이다.
③ 진로탄력성 : 진로동기를 유지하는 요소이다.

4 진로탄력성의 하위 요소 5가지 쓰시오.

정답 ① 자기 신뢰
② 성취 열망
③ 진로 자립
④ 변화 대처
⑤ 관계 활용

5 진로적응성의 하위요인 5가지를 쓰시오.

정답 ① 대인관계
② 목표의식
③ 주도성
④ 긍정적 태도
⑤ 개방성

6 진로적응성과 진로탄력성의 공통점과 차이점을 기술하시오.

1) 공통점

2) 차이점

정답 1) **공통점** : 상황적으로 좋지 않은 환경적 조건 혹은 스트레스 상황을 가정하고 이 상황을 효과적으로 극복한다는 긍정적 의미가 내포되어 있다.
2) **차이점**
① 진로탄력성은 이미 닥쳐와서 극복해낸 과거 역경상황에 대한 회복력을 나타낸다.
② 진로적응성은 아직 오지 않은 환경적 변화, 즉 불확실한 미래 상황에 대한 태도이다.

취업상담

학습 1 내담자 역량 파악하기

1   취업상담 시 파악해야 하는 내담자의 강점과 약점, 취업욕구에 대해 설명하시오.

정답

구분	내용	취업상담 시 고려할 점
내담자의 강점	내담자의 경력, 학력, 전공, 직업훈련, 인턴 등 직무 경험, 관련 자격증 보유 여부, 학교 활동, 동아리나 스터디 활동, 공모전 참여 이력, 수상 여부, 어학 점수 및 어학 능력 및 직무능력 및 구직기술 보유 여부	취업시장에서 어떻게 발휘가 될 것인지
내담자의 약점	직무에 반드시 필요한 부분 중 갖추지 못한 것	어떻게 극복하는 전략을 가지고 갈 것인지
취업욕구	내담자의 구직의지, 구직목표, 취업을 원하는 취업 희망 시기 등을 파악하여 가늠한다.	—

2   내자의 취업 장애요인을 사회적 · 경제적 취약성 분석에 따라 4가지로 구분하여 설명하시오.

1. 인적 요인	연령(고연령, 군 미필자 등 저연령), 성별(여성, 한부모, 미혼모), 학력 및 자격(저학력자, 청년층 고학력자, 중장년층의 이전 경력과의 수준 차이), 건강 상태, 신체적 특성에 관한 호소문제가 많다.
2. 가구 관련 요인	가족 간의 병, 가구 특성, 양육 및 교육, 가족 갈등, 경제적 어려움[취업준비 여력 없음, 생계 어려움], 탈수급에 대한 두려움, 복지지원 지속 희망 등의 이슈가 있다.
3. 심리적 요인	자신과 삶에 대한 부정적 태도, 대인관계 두려움, 불안 · 분노 · 심리적 취약성 등 정신 건강의 문제 등이 있다.
4. 취업 관련 요인	• 취업역량 : 자격이나 경력이 부재하다. • 취업동기 및 목표 : 취업의지가 없고 일에서 실패한 경험이 많으며 목표가 없다. • 일에 대한 인식 및 선택 : 일에 대한 부정적 인식, 힘들고 어려운 일에 대한 두려움이 있다. • 취업정보 : 취업 및 정책에 대한 정보 부족, 정보탐색 방법이 부족하고 왜곡된 취업정보를 가지고 있다. • 구직활동 경험이 부족하고 취업 경험이 부족하다.

3　구직자 유형별 정의와 취업지원서비스 방향에 대해 기술하시오.

1) 고능력 – 저의지
　　정의 :
　　취업지원서비스 :

2) 저능력 – 고의지
　　정의 :
　　취업지원서비스 :

3) 고능력 – 고의지
　　정의 :
　　취업지원서비스 :

4) 저능력 – 저의지
　　정의 :
　　취업지원서비스 :

정답　1) 고능력 – 저의지
　　　정의 : 구직능력은 높으나 구직의욕은 낮다.
　　　취업지원서비스 : 집단상담 프로그램 등 의욕 증진 서비스를 제공한다.
　　2) 저능력 – 고의지
　　　정의 : 구직의욕은 높으나 구직능력은 낮다.
　　　취업지원서비스 : 직업훈련, 취업특강 등 구직기술 향상 서비스를 제공한다.
　　3) 고능력 – 고의지
　　　정의 : 구직능력, 구직의욕 모두 높다.
　　　취업지원서비스 : 직업정보 제공 등의 지원을 한다.
　　4) 저능력 – 저의지
　　　정의 : 구직능력과 구직 의욕 모두 낮다.
　　　취업지원서비스 : 심층상담 등 밀착 서비스가 필요하다.

TIP 구직자 유형별 취업지원 서비스 방향

구직능력/ 구직의욕	구직의욕 낮음	구직의욕 높음
구직능력 높음	A형(고능력 · 저의지) 구직능력은 높으나 구직의욕은 낮다. ⇒ <u>집단상담 프로그램 등 의욕 증진 서비스를 제공한다.</u>	C형(고능력 · 고의지) 구직능력, 구직의욕 모두 높다. ⇒ <u>직업정보 제공 등을 지원한다.</u>
구직능력 낮음	B형(저능력 · 고의지) 구직의욕은 높으나 구직능력은 낮다. ⇒ <u>직업훈련, 취업특강 등 구직기술 향상 서비스를 제공한다.</u>	D형(저능력 · 저의지) 구직능력과 구직 의욕 모두 낮다. ⇒ <u>심층상담 등 밀착 서비스가 필요하다.</u>

4 다음에 제시한 직업기초능력의 하위 능력을 각 각 2가지씩 쓰시오.

1) 수리능력

　-

2) 자원관리 능력

　-

3) 자기개발 능력

　-

4) 대인관계 능력

　-

5) 의사소통 능력

　-

정답 1) 수리능력 : 기초연산능력, 기초통계능력, 도표분석능력, 도표작성능력 중 2가지를 선택해서 작성한다.
2) 자원관리 능력 : 시간관리능력, 예산관리능력, 물적자원관리능력, 인적자원관리능력 중 2가지를 선택해서 작성한다.
3) 자기개발 능력 : 자아인식능력, 자기관리능력, 경력개발능력 중 2가지를 선택해서 작성한다.
4) 대인관계 능력 : 팀워크 능력, 리더십 능력, 갈등 관리 능력, 협상 능력, 고객 서비스 능력 중 2가지를 선택해서 작성한다.
5) 의사소통 능력 : 문서이해능력, 문서작성능력, 경청능력, 의사표현능력, 기초외국어능력 중 2가지를 선택해서 작성한다.

TIP 직업기초능력의 하위 역량

직업기초능력	하위 능력
의사소통 능력	문서이해능력, 문서작성능력, 경청능력, 의사표현능력, 기초외국어능력
수리 능력	기초연산능력, 기초통계능력, 도표분석능력, 도표작성능력
문제해결 능력	사고력, 문제처리능력
자기개발 능력	자아인식능력, 자기관리능력, 경력개발능력
자원관리 능력	시간관리능력, 예산관리능력, 물적자원관리능력, 인적자원관리능력
대인관계 능력	팀웍능력, 리더십능력, 갈등관리능력, 협상능력, 고객서비스능력
정보 능력	컴퓨터 활용능력, 정보처리능력
기술능력	기술이해능력, 기술선택능력, 기술적용능력
조직이해 능력	국제감각, 조직 체제 이해능력, 경영이해능력, 업무이해능력
직업윤리	근로윤리, 공동체윤리

5 취업효능감 프로그램의 구성 요인 4가지를 쓰고 각 요인에 대해 설명하시오.

정답 ① 수행 성취(성공경험)
      ㉠ 작은 일부터 성공을 경험하도록 하여 자신감을 높이고 아주 사소하게 보이는 비교적 작은 목표들부터 경험하여 성공에 대한 신념을 고무시킨다.
      ㉡ 개인이 충분히 달성할 수 있는 작은 목표를 부여하고, 이를 성취할 수 있도록 격려하여 자기효능감을 증가시킨다.
② 대리 경험(대리학습) : 이미 성공한 사람들이나 위인들을 모델로 하여 대리 경험을 하게 해 주어 자기효능감이 증가하도록 한다.
③ 언어적 설득(언어적 강화) : 격려의 말이나 수행에 대한 구체적인 평가를 통해 구직자의 노력을 강화하고, 자기효능감을 증진시킨다.
④ 정서적 안정(정서적 각성, 생리적 반응) : 수행 상황에서 실패를 극복할 수 있다는 긍정적인 마음을 통해서 과제를 접하고 해석하여 정서적 각성을 통해 불안에서 탈피해야 자기효능감이 높아질 수 있다.

TIP NCS학습모듈별 '자기효능감 구성 요인' 용어 정리
㉠ **취업상담** : 수행 성취, 대리 경험, 언어적 설득, 정서적 안정
㉡ **직업상담 초기면담** : 성공 경험, 대리학습, 언어적 강화, 정서적 각성

6 구직역량의 정의와 하위 역량을 각 각 2가지씩 쓰시오.

1) 구직 지식군
  정의 :
  하위 역량 :

2) 구직 기술군
  정의 :
  하위 역량 :

3) 구직 태도군
  정의 :
  하위 역량 :

4) 직무 적응군
  정의 :
  하위 역량 :

정답 1) 구직 지식군
  정의 : 자신에게 적합한 직장을 탐색하고 입직하기 위해 갖추어야 할 지식이다.
  하위 역량 : 자기이해, 구직 희망 분야 이해, 전공지식, 외국어 능력, 구직 일반 상식 중 2가지를 선택해서 작성한다.
2) 구직 기술군
  정의 : 직장을 선택하고 그곳에 취업하는 데 필요한 실제적 기술이다.
  하위 역량 : 구직 의사결정 능력 구직 정보탐색 능력, 인적 네트워크 활용 능력, 구직서류 작성 능력, 구직 의사소통 능력 중 2가지를 선택해서 작성한다.
3) 구직 태도군
  정의 : 직장에 취업하고 적응하는 데 갖추어야 할 태도 및 가치관이다.
  하위 역량 : 긍정적 가치관, 도전정신, 글로벌 마인드, 직업윤리 중 2가지를 선택해서 작성한다.
4) 직무 적응군
  정의 : 직장에서 직무를 성공적으로 수행하고 지속적인 발전을 가능하게 하는 능력이다.
  하위 역량 : 직무 및 조직 몰입, 현장 직무수행 능력, 대인관계 능력, 문제해결 능력, 자원 활용 능력, 자기관리 및 개발 능력 중 2가지를 선택해서 작성한다.

TIP 구직역량군과 하위 역량

역량군	하위 역량	비고
구직 지식군	• 자신에게 적합한 직장을 탐색하고 입직하기 위해 갖추어야 할 지식이다. • 자기이해, 구직 희망 분야 이해, 전공지식, 외국어 능력, 구직 일반 상식	구직 전 더 중요
구직 기술군	• 직장을 선택하고 그곳에 취업하는 데 필요한 실제적 기술이다. • 구직 의사결정 능력, 구직 정보탐색 능력, 인적 네트워크 활용 능력, 구직서류 작성 능력, 구직 의사소통 능력	
구직 태도군	• 직장에 취업하고 적응하는 데 갖추어야 할 태도 및 가치관이다. • 긍정적 가치관, 도전정신, 글로벌 마인드, 직업윤리	구직 후 더 중요
직무 적응군	• 직장에서 직무를 성공적으로 수행하고 지속적인 발전을 가능하게 하는 능력이다. • 직무 및 조직몰입, 현장 직무수행 능력, 대인관계 능력, 문제해결능력, 자원활용 능력, 자기관리 및 개발 능력	

1   내담자에 대한 목표 설정의 특성 4가지를 기술하시오.

> **정답**
> ① 목표는 구체적이어야 한다.
> ② 목표는 실현 가능해야 한다.
> ③ 목표는 내담자가 원하고 바라는 것이어야 한다.
> ④ 목표는 상담자의 기술과 양립 가능해야 한다.

2   목표 설정의 의의 4가지를 기술하시오.

> **정답**
> ① 목표 설정은 구직자와 상담자 간의 협조적인 과정이다.
> ② 상담자는 구직자와의 초기면담에서 사전 목표를 이해하게 되는데, 초기면담만으로는 정보가 불충분하므로 장기 목표를 잡는다.
> ③ 설정 시에는 초기 목표가 재검토되거나 바뀔 수 있다.
> ④ 목표 설정은 상담의 방향을 제공해 준다.
> ⑤ 상담 전략을 선택하고 개입에 대한 기초를 마련해 준다.
> ⑥ 상담 결과를 평가하는 기초를 제공해 준다.
> ※ 위 내용 중 4가지를 선택해서 작성한다.

3　취업목표 설정 과정의 수행 순서를 5단계로 서술하시오.

정답　① 구직자의 취업 가능 직종을 확인한다.
② 구직자의 취업목표 설정 준비 상태를 확인한다.
③ 취업 대안을 평가한다.
④ 취업 대안을 압축하도록 한다.
⑤ 취업효능감 프로그램에 참여하도록 하여 취업목표를 구체화하게 한다.

1 「직업안정법」에서 제시된 고용정보의 내용 5가지를 쓰시오.

정답　① 경제 및 산업 동향
　　　② 노동시장, 고용·실업 동향
　　　③ 임금, 근로시간 등 근로조건
　　　④ 직업에 관한 정보
　　　⑤ 채용·승진 등 고용 관리에 관한 정보
　　　⑥ 직업능력개발훈련에 관한 정보
　　　⑦ 고용 관련 각종 지원 및 보조제도
　　　⑧ 구인·구직에 관한 정보
　　　※ 위 내용 중 5가지를 선택해서 작성한다.

2 적중 알선을 위한 효과적인 개입방법을 4가지 쓰시오.

정답 ① 구직자의 구직희망 조건과 역량 파악을 정확히 하고, 채용정보를 분석하여 알선을 하는 것이며, 조건이 맞지 않을 경우 구인업체와 정중히 의사소통을 하여 지원가능 여부를 확인하는 것이 좋다.

② 상담자는 구직자를 존중하고 구직자가 가지고 있는 자원에 주목해야 하며, 구직자와 끊임없는 상호작용을 통해 적중 알선을 할 수 있는 기반을 만든다.

③ 구직자의 인적사항, 흥미, 적성, 가치관 등을 확인하고 경제적 상황, 능력[어학, 자격증], 사회경험, 봉사활동, 공모전, 취업 장애요인, 희망 근무지역, 취업희망 조건[직무, 급여 등]을 꼼꼼하게 확인하여야 한다.

④ 구인업체의 채용 직무, 구인처의 요구 학력, 전공, 학점 등을 확인하고 지원자격 및 우대사항[자격증, 성별, 연령 등] 등도 잘 체크하며, 인근 거주 여부도 확인하고 알선을 진행한다.

⑤ 알선을 진행할 때는 추천서를 활용하여 이메일이나 팩스를 활용하여 진행하고, 구인업체에는 각종 지원금[청년 추가고용 장려금, 두루누리 일자리 안정자금, 청년 내일 채움 공제]에 대해 안내하고 구직자가 해당되는지 여부를 설명해 준다.

⑥ 이후 면접 일정을 잡도록 상담자가 구직자와 구인업체와의 의사소통을 해주는 것이 중요하며, 알선은 면접 일정을 잡는 것까지 해야 성사된다고 해도 과언이 아니다.

⑦ 매일 시간을 정해 알선 시간을 확보해 놓고 진행하는 것이 좋다.

※ 위 내용 중 4가지를 선택해서 작성한다.

3　직업정보의 범위 중 「직업에 대한 정보」를 5가지 쓰시오.

정답　① 직업의 종류 및 분포도
　　　② 일의 성격 및 하는 일
　　　③ 근로조건
　　　④ 작업조건 및 안전
　　　⑤ 필요한 신체적 · 정신적 특질
　　　⑥ 자격 · 면허 취득 방법
　　　⑦ 직업의 장단점
　　　⑧ 기업 특징 및 기업 문화
　　　⑨ 승진 및 승급
　　　⑩ 취업 경로
　　　⑪ 노동시장 관행
　　　⑫ 근로자의 직업관
　　　⑬ 취업 알선처
　　　⑭ 구인처의 상세한 정보
　　　　• 기업의 발전 방향
　　　　• 기업의 성격 및 조직
　　　　• 근로자 직급별 · 직종별 분포도
　　　　• 생산품 및 생산 과정
　　　　• 하는 일의 내용
　　　　• 임금, 수당, 상여금, 퇴직금, 정년
　　　　• 근로시간, 근무 형태, 휴가
　　　　• 근무지
　　　　• 복지 조건
　　　　• 고용 방법 및 기준
　　　※ 위 내용 중 5가지를 선택해서 작성한다.

개인에 대한 정보	직업에 대한 정보	미래에 대한 정보
1. 나 자신을 아는 방법	1. 직업의 종류 및 분포도	1. 인력 수급 계획
2. 나의 적성, 흥미	2. 일의 성격 및 하는 일	2. 미래 사회의 모습
3. 진로계획 수립 및 수정	3. 근로조건	3. 과학 기술의 발전 방향
4. 직업관 및 직업윤리	4. 작업조건 및 안전	4. 산업 발전 추세
5. 교육 기회	5. 필요한 신체적 · 정신적 특질	5. 인구 구조 변화
6. 훈련 기회	6. 자격 · 면허 취득 방법	6. 산업 구조 변화
7. 고등학교 졸업 후 진로	7. 직업의 장단점	7. 직업 구조 변화
8. 대학교 졸업 후 진로	8. 기업 특징 및 기업 문화	8. 국가 시책
9. 사회교육 기관 안내	9. 승진 및 승급	9. 기업 경영의 전망
10. 여성 진로 안내	10. 취업 경로	10. 국제 사회의 전망
11. 장애인 진로 안내	11. 노동시장 관행	
12. 중 · 고령자 진로 안내	12. 근로자의 직업관	
13. 의사결정 방법	13. 취업 알선처	
14. 전문가가 되는 길	14. 구인처의 상세한 정보	
15. 구직자의 상세한 정보	• 기업의 발전 방향	
• 연령	• 기업의 성격 및 조직	
• 학력 및 경력	• 근로자 직급별 · 직종별 분포도	
• 자격 및 면허	• 생산품 및 생산 과정	
• 근무 가능 직무	• 하는 일의 내용	
• 희망 근무지	• 임금, 수당, 상여금, 퇴직금, 정년	
• 신체적 및 정신적 특질	• 근로시간, 근무 형태, 휴가	
• 요구하는 최소의 복지 내용	• 근무지	
• 원하는 구인처	• 복지 조건	
• 승급 관행	• 고용 방법 및 기준	

1 다음 각 면접 유형별 특징을 2가지씩 쓰시오.

1) 인성 면접
   ①
   ②

2) PT 면접
   ①
   ②

3) 역량 면접
   ①
   ②

4) 토론 면접
   ①
   ②

5) 경력직 면접
   ①
   ②

6) AI면접
   ①
   ②

인성 면접	• 1:1, 1:다 형태로 진행되며, 기본 품성과 조직 적합성을 평가한다. • 열정이나 입사에 대한 의지를 질문한다. • 입사지원서를 기반으로 질문할 수 있으므로 이력서, 자기소개서의 주요 내용으로 준비한다. • 인사담당자 면접 : 답변 태도, 의지, 화법, 성향 등 인성을 포함하여 종합하여 평가한다. • 임원 면접 : 지원사의 인성, 마인드, 가치관 등을 확인한다.
PT 면접	• 1:다 형태로 진행되며 문제해결 능력과 직무수행 능력을 평가한다. • 문제인식 및 해결, 창의성, 자료 이해도, 직무 적합도 등이 드러나며, 구조화 능력 및 발표력 등이 평가한다. • 주제가 주어지면 기승전결로 나누어 구조화하고 두괄식으로 표현해내도록 준비한다. • 질의응답 시간이 주어지기 때문에 질문 요점을 정확히 파악하고 답변한다.
역량 면접	• 과거의 경험을 통해 미래의 행동을 유추하는 꼬리 물기식 면접이다. • 구조화된 질문(STAR기법)을 바탕으로 면접자의 역량을 평가한다. • 직무를 수행하는 데 필요한 역량인 의사소통 능력, 문제해결 능력, 대인관계 능력, 조직이해 능력, 자기관리 능력 등을 답변 내용과 표정, 행동까지 세심히 관찰하여 평가하며, 과거의 경험에 기반을 둔 답변을 통해 판단한다.
토론 면접	• 토론 면접은 답을 구하는 것이 아닌 서로의 의견을 주고받는 과정을 평가한다. • 논리 싸움이 우선이 아니고 합의된 결과물을 잘 만들어 내는 것이 가장 중요하다. • 자신의 역할 반드시 있어야 하며, 다른 의견을 수용하고 발전시키는 모습이 평가에서 좋게 반영된다. • 끝까지 경청하는 태도, 상대방을 존중하는 태도가 좋은 평가를 받는다.
경력직 면접	• 핵심적인 성과 위주로 2 ~ 3가지 정도를 구체적으로 준비한다. • 성과 당시의 역할이나 비중 등을 구체적으로 전달하여 기여도를 표현한다. • 이직 전직 사유 솔직하게 답변하되, 감출 것은 감추고 표현할 것은 표현하는 전략이 필요하다. • 이전보다 낮은 급여 수준이나 직급을 제시받는 경우도 발생하므로 희망 연봉 수준을 정해 놓거나 기준을 생각해두고 면접에 임하는 것이 필요하다.
AI 면접	• '기본 면접→ 성향 분석→ 상황 대처→ 보상 선호→ AI 게임→ 심층 면접'으로 구성 • 특정 자극에 대해 어떻게 반응하는지를 바탕으로 대인 면접에서 드러나지 않는 업무 스타일이나 성향을 판단한다. • 신뢰성이 중요하므로 일관성 있는 답변, 솔직한 답변과 침착함이 중요하다. • 포기하지 않고 흔들림 없이 문제를 풀어가는 연습이 필요하다.

※ 위 내용 중 2가지씩 선택해서 작성한다.

2　다음 각 대상자별 면접 지도 방법을 각 각 2가지씩 쓰시오.

1) 저소득층 면접

　　①

　　②

2) 결혼 이민자 면접

　　①

　　②

3) 신용회복 지원자 면접

　　①

　　②

4) 장년층 면접

　　①

　　②

5) 여성 가장 면접

　　①

　　②

저소득층 면접	• 단문 문장부터 연습하도록 지원한다. • 충분한 연습을 한 후, 눈 맞춤, 면접 태도 등에 대한 컨설팅을 진행한다. • 자존감을 살려주는 피드백이 필요하다. • 최대한 모의 면접을 많이 하도록 지원한다. • 구직자 역량강화 프로그램 참여를 독려한다.
결혼이민자 면접	• 한국어 능력을 확인하여 의사소통 가능 수준으로 면접을 대비한다. • 질문에 대한 이해를 먼저 할 수 있도록 면접 질문을 학습시키는 것이 우선이다. • 단답형부터 답변을 준비한다. • 변형된 질문에 대한 대처를 준비한다. • 구직자 역량강화 프로그램 참여를 독려한다.
신용회복 지원자 면접	• 본인의 역량과 지원 분야에 대한 관심을 표현 안내한다. • 신용회복 과정에 대해 간략하면서 신뢰할 수 있게 준비한다. • 일하는 회사에 지장 없고, 업무에 지장이 없다는 부분을 먼저 잘 어필한다. • 회사에 대한 관심, 직무에 대한 역량을 잘 표현하도록 지도한다. • 일에 열심히 몰두할 수 있는 환경임을 어필할 수 있게 준비한다.
장년층 면접	• 면접 태도가 가장 중요하며, 새로운 마음가짐으로 앞으로의 일과 직장 적응에 초점을 맞추어 면접에 임하도록 지도한다. • 과거의 경력은 사실에 기반을 둔 경력기술서를 작성하여 답변을 준비하되, 업무에 큰 성과를 창출할 수 있음을 강조한다. • 지원한 회사에 대한 충실한 조사 바탕으로 회사에 대한 관심을 면접 시 충분히 어필한다. • 새로운 조직에서의 직장 적응이 무난함을 잘 설명할 수 있도록 답변 준비한다. • 중장년 취업 프로그램을 소개하고 참여를 독려한다.
여성 가장 면접	• 자녀 양육에 대한 대안 준비 후 면접 시 대처한다. • 일에 대한 절박한 의지를 표현하도록 하여 꾸준히 근속하여 일할 수 있다는 부분을 어필한다. • 경력단절이 긴 경우 조직적응에 무리가 없음을 잘 어필하도록 지원한다. • 자존감을 높이는 피드백 필요, 충분히 모의 면접을 준비한다. • 구직자 역량강화 프로그램을 연계하여 참여를 지원한다.

※ 위 내용 중 2가지씩 선택해서 작성한다.

1　취업자에 대한 사후관리 방법을 4가지로 기술하시오.

정답　① 구직자 출근 전 사전교육을 실시한다(직장 내 커뮤니케이션이나 조직문화 등에 대한 숙지를 통해 직장 적응을 돕는다).

② 구직자 출근 후 일주일 뒤 사후관리를 실시한다.

③ 지속적으로 구인업체를 관리한다(추천한 구직자가 잘 적응하고 있는지, 더 도와야 하는 일은 없는지, 구인업체와 의사소통을 하고 문제점을 해결하려고 노력하고, 구직자가 구인업체와 돈독한 관계를 형성해나가도록 돕는다).

④ 장기 경력관리 및 경력개발의 중요성을 인식하게 한다.

⑤ 문자, SNS를 통해 친근하고 지속적인 격려를 하며, 스트레스 관리법을 안내하여 건강한 직장생활을 영위해 가도록 돕는다.

⑥ 정기예금 등 재무관리에 대해서 정보를 제공하고 계획을 세울 수 있도록 지원한다.

⑦ OA 사용법, 이메일, 공문 작성법 등에 대한 팁을 제공하는 것도 적응을 높이는 데 도움이 된다.

※ 위 내용 중 4가지를 선택해서 작성한다.

2 다음 대상자별 사후관리 방법을 각 각 2가지씩 쓰시오.

1) 청년층 사후관리
   ①
   ②

2) 중장년층 사후관리
   ①
   ②

3) 어르신 분 사후관리
   ①
   ②

정답 대상자별 사후관리

청년층	• 경력개발 로드맵을 그려 지금 하고 있는 일에 대한 비전을 갖게 하고, 의미 있는 직장생활을 하도록 도와준다. • 신입사원 예절에 대하여 컨설팅을 한다. • 입사 후 직무 만족에 대하여 수시로 점검한다. ※ 위 내용 중 2가지를 선택해서 작성한다.
중장년층	• 조직 적응에 대한 컨설팅을 가장 중요시 여겨야 한다. • 세대 간의 차이를 극복하고 스트레스를 잘 조절할 수 있도록 도와주어야 한다.
어르신 분	• 건강관리와 안전에 대한 관리가 필요하다. • 조직 내에서의 커뮤니케이션도 원활하도록 지원하여야 한다.

직업복귀상담

1 여성의 직업복귀 동기에 영향을 미치는 요인에 대해 4가지 쓰시오.

정답 ① 성 역할과 직업적 고정관념
② 낮은 자기효능감
③ 일과 가정의 다중 역할
④ 수학에 낮은 흥미와 회피

TIP 여성의 직업복귀 동기에 영향을 미치는 요인

㉠ 성 역할과 직업적 고정관념 : 성 역할에 대한 고정관념은 10대 여성들에게 교육적 성취를 저하시키고, 육아나 가정 일을 우선시하게 만들며, 포부를 낮추는 역할을 하게 된다.

㉡ 낮은 자기효능감 : 자기효능감은 특정한 과업이나 행동을 성공적으로 완성할 수 있는 개인의 신념으로 진로선택과 진로 추구 행동에 큰 영향력을 발휘한다.

㉢ 일과 가정의 다중 역할 : 여성의 직업선택은 가정에서의 역할과 명확히 관련이 있으며, 가정 역할에 대한 고려는 여성들의 직업 세계의 투자 를 제한시키게 된다.

㉣ 수학에 낮은 흥미와 회피 : 수학 배경 부족은 여성의 진로발달의 주요한 장벽을 구성한다. 여성들의 수학에 대한 불안과 회피는 진로 대안 영역 축소와 과학기술 영역과 비즈니스 등에서는 높은 수준의 일자리로의 진출을 제한하는 장벽으로 나타난다.

2 제대군인의 직업복귀 지원 필요성에 대해 4가지 설명하시오.

정답 ① 국가의 책임성 측면
② 생애주기를 고려한 사회안전망 측면
③ 군 사기와 우수 인력 확보 측면
④ 인적 자원 활용 측면

TIP 제대군인의 직업복귀 지원의 필요성

㉠ 국가의 책임성 측면 : 장기간 군이라는 특수한 환경에서 생활하여 온 제대군인들이 사회로 복귀하여 적응한다는 것은 어려운 일이다. 국가 가 관리자 또는 고용주로서 이들에 대한 최소한의 사회 복귀 지원대책을 마련해 주어야 한다.

㉡ 생애주기를 고려한 사회안전망 측면 : 연령 · 근속 · 계급 정년으로 인해 45세 전후에 조기 전역하는 경우가 많으므로, 생애주기로 볼 때 노동생산성이나 일 역할, 가계소비 등의 면에서 가장 최고조의 시기인 점을 감안하면, 제2의 직업으로 안착할 수 있도록 하는 사회안전망이 필요하다.

㉢ 군 사기와 우수 인력 확보 측면 : 제대군인의 직업 복귀는 현역의 사기와 우수 인력 확보에 직결되며, 전직 지원 시스템을 통한 원활한 직업 복귀의 여부에 따라 현역 군인이 안심하고 국토방위 임무에만 전념할 수 있도록 할 수 있다.

㉣ 인적 자원 활용 측면 : 제대군인은 국가관, 리더십 등 직업 역량을 보유한 인적자원이므로 적절한 교육과 훈련 등을 통해 직업 복귀를 지원한다면 국가경쟁력을 강화하는 동력이 될 수 있다.

3 진로장벽에 대해 설명하시오.

정답 ① '직업이나 진로계획에 있어서 자신의 진로목표 실현을 방해하거나 가로막는 내적 · 외적 요인들'이다.
② 내적 장벽은 심리적 측면의 장벽들이며, 외적 장벽은 주로 환경에서 발견될 수 있다.
③ 진로선택, 취업, 직장생활 등의 여러 측면에서 작용할 수 있다.
④ 직장생활을 유지하거나 직장생활에서 조화롭게 하고자 할 경우에도 작용된다.

4 오리아레이(O'leary)가 제시한 여성의 진로포부 달성을 가로막는 내적 장벽과 외적 장벽에 대해 각각 설명하시오.

정답 ① 여성의 진로포부 달성을 가로막는 6가지 내적 장벽 : 여성의 자아 체계 내부에 존재하며, 성취 행동에 직접적으로 영향을 미친다.
　　　ㄱ 실패에 대한 두려움
　　　ㄴ 낮은 자존감
　　　ㄷ 역할 갈등
　　　ㄹ 성공에 대한 두려움
　　　ㅁ 직업적 승진에 따른 지각된 결과들
　　　ㅂ 결과 기대와 관련된 유인가
　② 여성의 진로포부 달성을 가로막는 외적 장벽 : 여성의 자아 체계 외부의 요인이다.
　　　ㄱ 사회적 성 역할 고정관념
　　　ㄴ 관리적 여성에 대한 태도
　　　ㄷ 여성의 능력에 대한 태도
　　　ㄹ 남성 관리 모형의 유행(prevalence)

1　드릴리피 외(1994)가 경계없는 경력에서 제시한 진로자본의 3가지 핵심역량에 대해 설명하시오.

정답　① 진로성숙역량 : 개인이 자신의 진로에 대해 갖고 있는 태도와 관점을 뜻한다.
　　② 전문지식역량 : 개인들이 자신의 일과 관련하여 가지는 진로 관련 기술과 업무지식을 의미한다.
　　③ 인적관계역량 : 개인들이 진로 안에서 갖게 되는 다양한 형태의 인간관계 및 사회적 연결망을 발전
　　　시키는 능력을 말한다.

2　반두라가 제시한 자기효능감(self – efficacy)의 4가지 근원에 대해 설명하시오.

정답　① 성공 경험 : 개인이 과거에 성공 경험이 있을 때, 자기효능감이 형성된다는 것을 의미한다.
　　② 대리 경험 : 다른 사람의 성취를 보는 것, 다시 말해 대리 경험을 통해서 자기효능감이 형성된다는
　　　것을 의미한다.
　　③ 언어적 설득 : 주변으로부터 듣는 언어적인 설득을 통해서도 자기효능감이 형성될 수 있다는 의미
　　　이다.
　　④ 정서적 각성 : 개인이 자신의 능력과 기능에서 어떤 부분이 취약한지를 판단하여 얻게 되는 생리적
　　　이고 정서적인 상태가 자기효능감에 영향을 준다는 의미이다.

3   타일러와 베츠가 제시한 자기효능감 기대를 측정할 수 있는 하위요인 척도 5가지에 대해 설명하시오.

정답 ① **정보수집 효능감** : 관심 있는 직업을 찾아내고 그 직업의 조건들을 구체적으로 탐색할 수 있는 자신감이다.

② **목표설정 효능감** : 진학과 취업 등에 대하여 계획을 세우고 실천할 수 있다는 스스로에 대한 믿음이다.

③ **진로계획 효능감** : 진로목표에 따라 논리적으로 계획을 세울 수 있다는 자신감이다.

④ **문제해결 효능감** : 진로에서 어려움에 부딪혔을 때 스스로 헤쳐나갈 수 있다는 믿음이다.

⑤ **자기평가 효능감** : 자신의 능력과 가치, 욕구 등을 정확하게 평가하고 그에 적합한 직업을 평가할 수 있다는 자신감이다.

4 인지이론에서 설명하는 인지적 취약성에 대해 4가지로 설명하시오.

정답 ① 인지이론에서 인지적 취약성(cognitive vulnerability)이란 스트레스 사건에 대비되는 개인차 변인을 말한다.
② 다른 사람에 비해 상대적으로 부정적 정서를 가지기 쉬운 개인이 지닌 인지적 소인을 나타내는 것이다.
③ 인지적 취약성이나 인지적 소인은 부정적인 정서들을 피할 수 없다는 의미가 아니라, 부정적 정서에 대한 위험 요인을 의미한다.
④ 인지적 취약성은 역기능적인 신념으로 이루어지며, 어린 시절의 학습경험에 의해 형성된 인지적 구조라고 가정하고 있다.

TIP 부정적 내적 자본 – 역기능적 신념

㉠ 벡 외(Beck 외, 1985)의 인지이론에서 인지적 취약성(cognitive vulnerability)이란 스트레스 사건에 대비되는 개인차 변인을 말한다.
㉡ 다른 사람에 비해 상대적으로 부정적 정서를 가지기 쉬운 개인이 지닌 인지적 소인을 나타내는 것이다. 인지적 취약성이나 인지적 소인은 부정적인 정서들을 피할 수 없다는 의미가 아니라, 부정적 정서에 대한 위험 요인을 의미한다.
㉢ 인지적 취약성은 역기능적인 신념으로 이루어지며, 어린 시절의 학습경험에 의해 형성된 인지적 구조라고 가정하고 있다.
㉣ 신념이란 '~해야만 한다.' 또는 '~해서는 안 된다.'라는 당위적 명제의 형태를 지니며, 현실적인 삶 속에서 실현되기 어려운 것으로서 흔히 좌절과 실패를 초래하기 때문에 역기능적이라고 한다.
㉤ 벡은 역기능적 인지 연구에서 두 가지 유형의 성격 양식, 즉 사회적 의존성(sociotropy)과 자율성(autonomy)이 있다는 것을 발견하였다.

1 진로준비 행동의 정의와 3가지 관점에 대해 설명하시오.

정답 ① 정의 : 진로준비 행동은 자신에 대한 정보수집과 직업 세계를 이해할 정보를 획득하고 필요한 도구를 갖추어 설정된 목표를 향해 나가는 것이다.
② 진로준비 행동의 3가지 관점
　㉠ 정보수집 : 구직자 본인의 성격, 흥미, 적성, 능력에 대한 주관 및 객관적인 정보와 직업의 개괄, 세부적인 업무의 이해, 입직 방법, 필수 자격 요건, 성장 경로에 따른 근무 여건 등과 같은 직업 세계로의 이행을 위한 정보를 획득하는 것이다.
　㉡ 준비활동에 대한 도구 : 진로나 직업을 갖기 위해 필요한 교재나 도구를 구입함으로써 전반적인 준비를 하는 것이다.
　㉢ 실행력 : 설정한 목표 달성을 위한 실행력이다. 좋은 계획과 도구가 있다 하더라도 시간과 노력이 투입되지 않는다면 의미가 없다.

2 의사결정의 일반적인 유형에 대해 설명하시오.

정답 ① 합리적 유형 : 의사결정을 전체적이고, 종합적인 시각에서 볼 수 있다. 자신과 상황에 대한 정보를 정확히 수집하고 논리적으로 결정을 내리고 그 결정에 대해서 책임을 진다. 직업과 관련하여 의사결정이 신중하고 합리적이며, 심리적인 독립과 성장에 도움이 되어 잘못되었거나 실패할 확률이 낮지만, 의사결정에 시간이 다소 걸린다.
② 직관적 유형 : 미래를 별로 고려하지 않고 현재의 감정에 주의를 기울인다. 정보탐색이나 대안평가 없이 상상과 정서적 자각에 기초해서 결정을 내리지만 그 결정에 대해서는 책임을 진다. 직업과 관련하여 즉흥적이고 감정적이며, 스스로의 선택에 책임을 지나 잘못되거나 실패할 확률이 높다. 그 대신 의사결정이 신속하다.
③ 의존적 유형 : 사회적 인정에 대한 욕구가 강하고 의사결정 상황이 여러 가지로 제한을 받는다고 지각한다. 의사결정 과정에서 타인에 의한 영향을 많이 받고 결정에 대한 책임을 부정한다. 직업과 관련된 특징은 의사결정이 수동적이고 순종적이며, 개인적 독립이나 성숙을 방해하지만, 실패했을 때 남의 탓을 한다. 결정을 내릴 때 정서적으로 불안을 느낀다.

3 의사결정 단계에서 나타나는 오류에 대해 설명하시오.

정답
① 정보가 제공한 준거 틀에 따라 의사결정을 내리는 경우
② 사람들은 옳고 그름에 상관없이 가장 최신의 정보나 경험을 신뢰
③ 처음 결정에서 크게 벗어나지 못하는 경향
④ 사람들은 잘 아는 사건 혹은 좋은 사건에 대해 확률을 높게 측정하는 반면, 나쁜 사건에 대해서는 확률을 낮게 예측하는 경향

4 의사결정 기법의 5단계에 대해 쓰시오.

정답
① 1단계 : 상황을 명확히 한다.
② 2단계 : 대안을 탐색해 본다.
③ 3단계 : 기준을 확인한다.
④ 4단계 : 대안을 평가하고 결정을 내린다.
⑤ 5단계 : 계획을 수립하고 그대로 수행한다.

5   의사결정 시 어려움을 극복할 수 있는 방안에 대해 4가지 쓰시오.

정답　① 두려움은 정상적인 것이라고 받아들이기
　　　② 우선순위를 정하기
　　　③ 자신의 한계를 깨닫기
　　　④ 장점과 단점을 비교하기
　　　⑤ 정보 분류하기
　　　⑥ 한 번에 한 단계씩 밟기
　　　⑦ 자신의 감정을 살피기
　　　⑧ 긍정적인 것에 집중하기
　　　⑨ 자신에게 관대하기
　　　⑩ 결과에 책임지기
　　　※ 위 내용 중 4가지를 선택해서 작성한다.

1   직업복귀자에게 요구되는 직무수행 역량 중 진로단절여성에게 부족한 직업기초역량 4가지 쓰시오.

정답   ① 사회적 대인관계 기술
② 공적인 의사소통 기술
③ 정보기술 활용 기술
④ 글로벌 역량

TIP   진로단절여성의 부족한 직업기초역량

㉠ **사회적 대인관계 기술** : 사회적 관계보다는 가족, 친구, 이웃, 학부모 모임 등과 같은 사회적 커뮤니티에 익숙하여 성과와 위계질서를 중시하는 조직문화에 낯설어하고, 친밀감에 익숙한 관계에서 공적인 관계에 대한 기술이 부족하다.

㉡ **공적인 의사소통 기술** : 오랫동안 친밀한 관계 속에서 사적인 대화 방식에 익숙하여 구두 보고와 문서를 사용해야 하는 사회적 의사소통 능력이 부족하고 회의, 보고, 전화 등에 있어 공식적인 언어를 원활히 사용하는 능력이 부족하다.

㉢ **정보기술 활용 기술** : 진로단절 기간에 업무환경의 정보기술은 많은 변화가 있었는데, 최근에 활용되고 있는 컴퓨터 소프트웨어 프로그램, 인터넷 환경, 사내 인트라넷, 화상 채팅 등에 익숙하지 않아 업무 처리에 필요한 정보기술에 대한 지식과 활용 능력에서 뒤처질 수 있다.

㉣ **글로벌 역량** : 진로단절 기간 동안 여성은 공통점이 있는 친밀한 관계 안에서 비슷한 주제와 공통의 관심사에 대한 의견을 나누는 데 익숙하였다. 그런데 인종, 국적, 문화 등이 다른 이질적인 집단에 대한 이해가 부족하고 외국어를 사용할 기회가 거의 없었기에 다양한 구성원들이 일하는 직장에서 타인에 대한 차이를 인정하고 소통하는 방식에 어려움이 있다.

2 제대군인의 직업복귀를 위해 필요한 구직역량 4가지 쓰시오.

정답　① 자기 탐색과 직업정보
　　　　② 정보 활용과 구직기술
　　　　③ 도전적이고 긍정적인 태도
　　　　④ 직무 적응과 자기관리

TIP 제대군인에게 필요한 구직 역량

㉠ **자기 탐색과 직업정보** : 사회로의 복귀이자 새로운 삶을 시작한다는 의미로 볼 때, 지금까지의 보유 경험과 직무능력을 토대로 자신에게 맞는 제2의 직업을 선택하기 위해서는 흥미, 적성, 가치관 등 자신의 특성에 맞는 탐색과 자각, 그리고 상황을 객관적으로 이해하는 능력이 필요하다.

㉡ **정보 활용과 구직기술** : 주로 벽·오지에서 오랜 기간 생활해 온 제대군인은 최신 노동시장 및 직업정보에 관한 활용 능력이 어느 수준에 있는지 평가해 볼 필요가 있다.

㉢ **도전적이고 긍정적인 태도** : 군에서는 명령에 복종하고 계획된 일과와 규칙에 따르지만, 사회에서는 변화에 민감하게 대응하고 도전하는, 적극적이고 능동적인 자세를 요구하는 등의 차이가 있으므로 직업 태도와 직업윤리도 그에 따라 변화해야 하고, 이윤 추구와 경쟁의 논리에 의해 움직이는 기업의 생리를 이해하고 적응할 수 있는 긍정적 태도가 필요하다.

㉣ **직무 적응과 자기관리** : '국가 안보'라는 거국적 차원의 목표를 위해 직무를 수행하다가 사회에서 개별 기업의 성과와 이윤을 추구하게 되므로, 새로운 분야의 직무 및 조직에 대한 이해를 토대로 수행 직무에 대해 의미를 부여하며 자부심을 가지고 조직 발전에 기여 하고자 하는 자세가 필요하다. 희망 분야의 실제 업무를 수행할 수 있는 전문 지식을 쌓고 산업변화에 대응하기 위해 자신을 관리할 수 있도록 해야 한다.

3 베츠(Betz)가 제시한 여성의 내적 진로장벽과 외적 진로장벽에 대해 쓰시오.

정답 ① 내적 장벽
    ㉠ 낮은 자존감
    ㉡ 자아효능감
    ㉢ 진로갈등
② 외적 장벽
    ㉠ 성 역할 고정관념
    ㉡ 직업적 고정관념
    ㉢ 교육에 있어서 성 편견
    ㉣ 인종차별

4 진로장벽의 분류를 이분법 분류로 했을 때 진로장벽의 내적 요인과 외적 요인에 대해 각각 쓰시오.

정답 ① 내적 요인
    ㉠ 자아개념
    ㉡ 가치관
    ㉢ 성취동기
② 외적 요인
    ㉠ 사회적 · 경제적 · 문화적인 구조
    ㉡ 회사에서의 차별 근무조건

1　직업복귀를 위해 내담자와 상담자가 함께 수립한 활동계획을 평가하는 내용 4가지 쓰시오.

정답　① 평가 및 조정하기
　　② 장·단기 계획 구분하기
　　③ 실천 약속하기
　　④ 내담자 격려하기

TIP 직업복귀를 위한 내담자 활동계획 평가

㉠ **평가 및 조정하기** : 이미 수립된 활동계획이 내담자가 설정한 직업목표를 달성하기 위해서 적합한지, 그리고 다양한 방법 중 더 나은 방법을 선택하기 위해 내담자와 함께 평가하고 이에 대해 조정한다. 이때 내담자가 수립한 계획의 결과 스스로 점검해보기, 새로운 대안 제시하기 등의 내용을 포함한다.

㉡ **장·단기 계획 구분하기** : 내담자와 함께 평가하고 조정된, 활동목표에 따른 세부 활동방법에 대해 현재를 기준으로 어느 정도의 기간이 걸릴 것인지에 대해 논의 함으로써 단기간 내에 실천되어야 할 활동들과 장기적인 관점에서 실천되어야 할 활동을 구분한다.

㉢ **실천 약속하기** : 앞서 수립되고 평가된 행동계획을 재정리하고 실천 약속을 하는 과정으로 새로 세운 행동계획이 내담자 스스로 책임을 지면서 달성하기 적합한 목표인지 확인한다.

㉣ **내담자 격려하기** : 내담자와 상담자가 함께 실천을 위한 약속을 하였다고 하더라도 내담자가 자신이 선택한 직업을 실현시키기 위해 노력할 때, 부딪히는 어려움이 셀 수 없이 많이 발생할 수 있다. 이때 무엇보다 중요한 것은 내담자가 느끼는 부담이나 압박 등을 충분히 진지하게 경청하고 함께 노력하자고 격려하는 것이 필요하다.

2 내담자의 부정적인 태도로 인해 취업 준비나 구직활동에 어려움을 겪게 되는 경우 구직 의지를 높이기 위한 해결전략을 3가지 설명하시오.

정답 ① 구직의욕 향상 시키기
② 취업 눈높이 조절하기
③ 긍정적 사고 전환하기

TIP 구직 의지 높이기 위한 해결 전략
㉠ 구직의욕 향상 시키기
• 건강한 자기상 형성
• 객관적 자기이해
• 취업지원 프로그램 참여 권유
㉡ 취업 눈높이 조절하기
㉢ 긍정적 사고 전환하기
• 예외 질문하기
• 비합리적 사고

3 내담자에게 구직의욕을 향상시키기 위한 방법을 3가지 설명하시오.

정답 ① 내담자의 건강한 자기상 형성
② 객관적 자기이해
③ 취업지원 프로그램 참여 권유

TIP 내담자의 구직의욕을 향상시키는 방법
㉠ 내담자의 건강한 자기상 형성 : 상담자는 내담자가 가지고 있는 장점이나 특기 등을 재탐색하고, 미래 입직 이후의 모습을 상상하게 함으로써 장점에 대해 스스로 발견하고 건강한 자기상(像)을 형성하도록 돕는다.
㉡ 객관적 자기이해 : 상담자는 내담자와의 상담을 통해 내담자 자신이 파악하지 못하는 무의식적인 행동습관이나 언어습관 등에 대해 공유하고, 내담자가 인지하고 있는 특성들에 대해 공감해주고, 내담자의 긍정적인 면을 강조하고 격려해 주는 것이 필요하다.
㉢ 취업지원 프로그램 참여 권유 : 상담자는 내담자가 비슷한 고민을 가지고 있는 내담자들과 교류를 통해 심리적으로 자신감을 얻고 취업의 필요성을 인식할 수 있도록 취업지원 프로그램을 권유할 수 있다.

1   미네소타 중요성 질문지(MIQ)의 욕구 척도 6개 요인에 대해 설명하시오.

정답 ① 성취 : 수행을 고무시키는 환경의 중요성
② 안전 : 긴장적이 아니고 안정적인 환경의 중요성
③ 지위 : 명성과 제공하는 환경의 중요성
④ 이타심 : 타인과 조화를 이루며 봉사하게 하는 환경의 중요성
⑤ 편안함 : 예측 가능하고 안정적인 환경의 조성
⑥ 자율 : 시작을 자극하는 환경의 중요성

2   직업선택에 큰 영향을 미치는 개인의 내재적 가치와 외재적 가치에 대해 설명하시오.

정답 ① 내재적 가치 : 자기능력, 사회 헌신, 인간관계 중심, 이상주의, 자기표현
② 외재적 가치 : 권력 추구, 경제 우선, 개인주의, 사회 인식주의, 안정 추구

TIP 개인적 가치(value)

㉠ 개인적 가치는 직업선택에 큰 영향을 미치는데 확실히 정신적인 면에 치중하는 가치를 지닌 사람은 경제적 가치에 치중하는 사람과는 다른 진로를 선택하고 다르게 행동한다.
㉡ 개인적 가치는 인간행동을 결정하는 데 중요한 역할을 하며, 이러한 가치는 고정적이지 않고 변화·발전한다.
㉢ 로크(Locke, 1970)는 작업 수행결과가 직무 가치와 만족을 갖는 것과 중요한 관련이 있다고 했는데, 수행에 대한 결과가 좋은 것은 개인의 중요한 직업가치에 관련이 있으며, 직무 만족과 연관된다고 가정하였다.
㉣ 우리나라의 경우 직업가치에 대하여 김병숙 등(1998)은 내재적 직업가치와 외재적 직업가치로 구분하고 있다.
 • 내재적 가치 : 자기능력, 사회 헌신, 인간관계 중심, 이상주의, 자기표현
 • 외재적 가치 : 권력 추구, 경제 우선, 개인주의, 사회 인식주의, 안정 추구

3 직업적응이론에서 제시하는 개인의 만족도와 조직의 만족도에 대해 설명하시오.

정답 ① 개인의 만족도 : 개인이 자신의 작업환경에 얼마나 만족하는가를 나타내는 것으로 개인의 욕구가 그 업무를 통해 얼마나 충족되는지를 의한다.
② 조직의 만족도 : 직업환경이 개인에게 얼마나 만족을 주는가를 나타낸다.

4 다위스(Dawis)와 롭퀴스트(Lofquist)의 직업적응 이론에 대해 설명하시오.

정답 ① 조직 내에서 개인의 직업적응을 설명하는 가장 대표적인 이론으로 개인과 환경의 조화가 가장 중요하게 다루어진다.
② 개인-환경 간의 조화는 개인의 특성과 환경의 요구 간의 일치에 의해서 결정된다.
③ 개인의 능력과 환경의 요구가 일치할 때 개인이 직업의 요구를 충족시켜줄 수 있다.
④ 개인의 가치와 직업의 강화 요인 간의 조화가 일어날 때 개인의 만족이 이루어진다고 보았다.
⑤ 개인의 대처 방식은 크게 적극적(activeness) 대처 방식, 반응적(reactiveness) 대처 방식, 불일치를 견디는(tolerant) 대처 방식으로 구분된다.

5 프릿체와 패리시가 제시한 직업 부적응 관련 요인을 4가지 쓰시오.

정답 ① 이전 직업 경험과의 비교
② 주어진 일의 사회적 맥락
③ 직업 자체의 특성
④ 직업 관련 스트레스
⑤ 개인의 특성(성격 5요인과 관련)
⑥ 개인-직업 환경의 적합성
※ 위 내용 중 4가지를 선택해서 작성한다.

학습 1 내담자 직무역량 파악하기

1 네들러(Nadler, L. 1984)가 제시한 인적자원개발의 특성 5가지를 기술하시오.

정답
① 반드시 의도적이고 계획적이며 조직적인 학습이어야 한다.
② 이러한 학습은 제한된 특정 기간 내에 이루어져야 하며, 시간 개념은 비용 측면 보다 학습 성취 및 성취 여부의 평가 시점을 더욱 중요시한다.
③ 조직의 현재 또는 미래의 직무와 관련이 있어야 하므로 뚜렷한 목적하에 조직의 직무성과 향상을 위하여 효과적인 방법과 내용을 계획적으로 추진하여야 한다.
④ 직무성과의 향상 가능성을 증대시켜야 한다.
⑤ 개인과 조직의 가능성을 증대시켜야 한다.

2 인적자원 관리 영역 3가지와 영역별 해당하는 내용(범위)을 각각 3가지씩 쓰시오.

정답
① 인적자원 개발 : 훈련과 계발, 조직개발, 진로 경로 개척
② 인적자원 환경 : 조직/직무 설계, 인적자원 기획, 수행관리 체계, 노사관계 중 3가지를 선택해서 작성한다.
③ 인적자원 활용 : 선발 및 배치, 고용인 지원, 보상/유인, 직업정보(고용정보) 체계 중 3가지를 선택해서 작성한다.

3 직업훈련은 실시자의 성격에 따라 공공직업훈련, 인정직업훈련, 사업 내 직업훈련으로 구분된다. 각 훈련에 대해 간략히 설명하시오.

정답 ① 공공직업훈련 : 국가, 지방자치단체 또는 공공직업훈련법인이 숙련된 다능공 양성을 목표로 실시하는 정규 훈련방식의 직업훈련 형태이다.

② 인정직업훈련 : 공공직업훈련법인 이외에 개인이나 비영리법인이 고용노동부장관의 인가를 받아 실시하는 기능공 양성목표를 가진 정규 훈련방식의 직업훈련 형태이다.

③ 사업 내 직업훈련 : 기업주가 단독 또는 타 기업주와 공동으로 사업체 내에서 기능공을 양성하거나 고용된 근로자에게 직무 향상 및 직무 보충 등을 훈련하는 직업훈련 형태이다.

TIP 직업훈련 형태

구분	내용
공공직업훈련	• 국가, 지방자치단체 또는 공공직업훈련법인이 숙련된 다능공 양성을 목표로 실시하는 정규 훈련방식의 직업훈련 형태 • 국비 지원 : 훈련비 전액(수업료, 실습비, 실습복, 교재비 등 포함) • 훈련생 전원에게 기숙사 제공 및 수료 후 취업 알선 • 생활보호대상자, 국가유공자녀에게는 소정의 훈련수당 지급
인정직업훈련	• 공공직업훈련법인 이외에 개인이나 비영리법인이 고용노동부장관의 인가를 받아 실시하는 기능공 양성목표를 가진 정규 훈련방식의 직업훈련 형태 • 법인과 개인이 각각 추구하는 영리 및 비영리 목적에 따라 훈련 직종을 선정하여 운영한다. • 비영리단체인 사업주 단체나 지역공단 그리고 종교적 또는 복지적 측면이 강한 각종 기관과 단체가 참여하고 있으며 개인이 설립한 직업훈련원도 있다.
사업 내 직업훈련	• 기업주가 단독 또는 타 기업주와 공동으로 사업체 내에서 기능공을 양성하거나 고용된 근로자에게 직무 향상 및 직무 보충 등을 훈련하는 직업훈련 형태 • 기업체가 필요로 하는 직종에 대한 훈련을 실시하는 것으로 훈련 수료 후 소속 기업에 취업이 가능하다.

1 직업훈련 목적에 따른 구분 3가지를 쓰고, 설명하시오.

정답 ① 양성훈련 : 직업에 필요한 <u>기초적 직무수행능력을 습득시키기</u> 위하여 실시하는 <u>직업능력개발훈련</u>이다.
② 향상훈련 : 양성훈련을 받은 사람이나 직업에 필요한 기초적 직무수행능력을 가지고 있는 사람에게 <u>더 높은 직무수행능력을 습득시키거나</u> <u>기술발전에 맞추어 지식·기능을 보충하게</u> 하기 위하여 실시하는 <u>직업능력개발훈련</u>이다.
③ 전직훈련 : 종전의 직업과 유사하거나 <u>새로운 직업에 필요한 직무수행능력을 습득</u>시키기 위하여 실시하는 <u>직업능력개발훈련</u>이다.

2 직업훈련 방법에 따른 구분 4가지를 쓰고, 설명하시오.

정답 ① 집체훈련 : <u>직업능력개발훈련을 실시하기 위하여 설치한 훈련전용시설 그 밖에 훈련을 실시하기에 적합한 시설</u>(산업체의 생산시설 및 근무장소를 제외한다)에서 실시하는 방법이다.
② 현장훈련 : <u>산업체의 생산시설 또는 근무장소에서</u> 실시하는 방법이다.
③ 원격훈련 : <u>정보통신매체 등을 이용하여 원격지에 있는 근로자에게</u> 실시하는 직업능력개발훈련이다.
④ 혼합훈련 : <u>집체훈련, 현장훈련, 원격훈련을 혼합</u>한 훈련이다.

3 직업훈련과 자격은 서로 연계시켜 운영된다. 다음 「자격기본법」 제2조 정의에 대한 설명을 보고 빈칸에 해당하는 자격 관련 용어를 쓰시오.

용어	설명
①	국가직무능력표준을 바탕으로 학교교육·직업훈련(이하 "교육훈련"이라 한다) 및 자격이 상호 연계될 수 있도록 한 자격의 수준체계
②	직무수행에 필요한 지식·기술·소양 등의 습득 정도가 일정한 기준과 절차에 따라 평가 또는 인정된 것
③	자격을 부여하기 위하여 필요한 직무수행능력을 평가하는 과정
④	자격의 관리·운영 수준이 국가자격과 같거나 비슷한 민간자격을 이 법에서 정한 절차에 따라 국가가 인정하는 행위

정답 ① 자격체제
② 자격
③ 자격검정
④ 공인

TIP 「자격기본법」 제2조(정의)

㉠ "자격"이란 직무수행에 필요한 지식·기술·소양 등의 습득정도가 일정한 기준과 절차에 따라 평가 또는 인정된 것을 말한다.

㉡ "국가직무능력표준"이란 산업현장에서 직무를 수행하기 위하여 요구되는 지식·기술·소양 등의 내용을 국가가 산업부문별·수준별로 체계화한 것을 말한다.

㉢ "자격체제"란 국가직무능력표준을 바탕으로 학교교육·직업훈련(이하 "교육훈련"이라 한다) 및 자격이 상호 연계될 수 있도록 한 자격의 수준체계를 말한다.

㉣ "국가자격"이란 법령에 따라 국가가 신설하여 관리·운영하는 자격을 말한다.

㉤ "민간자격"이란 국가 외의 자가 신설하여 관리·운영하는 자격을 말한다.

㉥ "등록자격"이란 해당 주무부장관에게 등록한 민간자격 중 공인자격을 제외한 자격을 말한다.

㉦ "공인자격"이란 주무부장관이 공인한 민간자격을 말한다.

㉧ "자격검정"이란 자격을 부여하기 위하여 필요한 직무수행능력을 평가하는 과정을 말한다.

㉨ "공인"이란 자격의 관리·운영 수준이 국가자격과 같거나 비슷한 민간자격을 이 법에서 정한 절차에 따라 국가가 인정하는 행위를 말한다.

1 국가직무능력표준(NCS)에 기준이 제시되어 있는 훈련과정 5가지를 쓰시오.

정답
① 국민내일배움카드 훈련과정
② 국가기간전략산업직종
③ 과정평가형 훈련
④ 기업맞춤형 훈련
⑤ 스마트혼합 훈련
⑥ 일반고특화 훈련
⑦ K-디지털트레이닝
⑧ K-디지털기초역량 훈련
⑨ 실업자 원격훈련
⑩ 산업구조변화대응
⑪ 근로자 원격훈련
⑫ 근로자 외국어 훈련
⑬ 돌봄서비스 훈련
※ 위 내용 중 5가지를 선택해서 작성한다.

2 국민내일배움카드 신청 제한 대상자 5가지를 쓰시오.

정답
① 현직 공무원
② 사립학교 교직원
③ 만 75세 이상인 자
④ 대규모 기업 근로자로서, 월 임금 300만원 이상이고, 만 45세 미만인 자
⑤ 월 소득 500만원 이상의 특수형태근로종사자
⑥ 사업기간이 1년 미만이거나 월 소득이 300만원 이상인 법인대표
⑦ 사업기간이 1년 미만이거나 연 매출 4억 이상의 자영업자
⑧ 월 소득이 300만원 이상인 비영리단체 대표
⑨ 졸업까지 남은 수업연한이 2년 이상인 대학/대학원 재학생
⑩ 고등학교 1~2학년 또는 졸업예정학년이 아닌 고등학교 재학생
※ 위 내용 중 5가지를 선택해서 작성한다.

1 직업훈련기관의 기능 5가지를 기술하시오.

> **정답** ① 훈련에 대한 계획서 작성
> ② 훈련생에 대한 개인, 진로, 현장 적응 등에 대한 상담
> ③ 훈련생에 대한 법적 처리 문제 및 행정적인 절차 수행
> ④ 기업체와의 섭외 활동 및 훈련 홍보 활동
> ⑤ 기업체 기술 지원
> ⑥ 훈련과정 운영
> ⑦ 훈련 성과에 대한 평가 및 훈련생의 훈련능력 평가
> ⑧ 사후지도 실시
> ※ 위 내용 중 5가지를 선택해서 작성한다.

2 직업훈련기관에서는 훈련 대상에 대하여 선발 기준을 마련한다. 훈련생 선발 기준 5가지를 기술하시오.

> **정답** ① 훈련 프로그램의 참가하기를 희망하는 자
> ② 직업목표가 분명한 자
> ③ 교과 내용과 적성이 적합한 자
> ④ 수료 후에도 전공 분야에 계속 취업할 의사가 있는 자
> ⑤ 단정하고 성실하며 인내성이 있는 자
> ⑥ 우수한 인력으로서 기초적인 소질과 능력과 태도를 겸비한 자
> ⑦ 인간관계가 원만하고 자기 자신에 대한 이해가 있는 자
> ※ 위 내용 중 5가지를 선택해서 작성한다.

3 훈련기관은 훈련생의 훈련 이수 후 취업알선을 진행하기 위하여 취업대상 기업에 대해 정보를 수집하게 된다. 취업처에 대해 수집하는 정보 5가지를 기술하시오.

정답
① 취업처 내에서 충원이 요구되는 직종
② 취업처의 향후 충원계획 및 감원계획
③ 초임금 및 근로조건
④ 취업처의 직종별 분포
⑤ 직원의 연간 이직률
⑥ 직원에 대한 복지
⑦ 시설 및 장비의 최신성 및 낙후성
※ 위 내용 중 5가지를 선택해서 작성한다.

4 훈련생의 훈련 참여를 위한 훈련기관 선정 시 점검해야 할 사항 5가지를 기술하시오.

정답
① 기업체의 훈련 필요점에 대한 분석 능력
② 훈련 대상자의 훈련 요구도에 대한 분석 능력
③ 기업체의 관련 직무분석
④ 직무분석 결과에 적합한 훈련교재 선정
⑤ 기업주가 요구하는 훈련 내용 선정
⑥ 훈련교재에서 누락된 훈련 내용 추출 및 교안 작성
⑦ 훈련 내용에 맞는 장비 및 시설
⑧ 우수한 강사 보유
⑨ 훈련생의 탈락률 및 취업률
⑩ 해당 직종 산업계와의 네트워크 구축
※ 위 내용 중 5가지를 선택해서 작성한다.

5   노동시장에 처음 진입하기 전에 실시하는 직업훈련인 양성훈련이 갖는 효과 5가지를 기술하시오.

정답 ① 사회교육적 입장에서 생활 기법을 개발
② 자신에 대한 이해
③ 사회에 대한 인식과 지식
④ 경험의 성숙
⑤ 직업에 관한 지식 확장
⑥ 직업에 대한 표집활동과 직업인으로서 전이 가능
⑦ 직업정보에 관한 선택
⑧ 직업선택의 신중성
⑨ 작업장에 비형식적인 문화에 유입
⑩ 고용의 기회
※ 위 내용 중 5가지를 선택해서 작성한다.

6 다음은 비정규직 근로자에 대한 설명이다. 괄호(   ) 안에 알맞은 용어(단어, 개념)를 쓰시오.

1) (   )는 근로계약기간을 설정한 자 또는 정하지 않았으나 계약의 반복 갱신으로 계속 일할 수 있는 근로자와 비자발적 사유로 계속 근무를 기대할 수 없는 근로자를 포함한다.

2) (   )는 근로계약기간을 설정한 근로자를 의미한다.

3) (   )는 파견근로자, 용역근로자, 특수형태근로종사자, 가정 내 근로자, 일일(단기)근로자 등이 있다.

정답 ① 한시적 근로자
　　　　② 기간제 근로자
　　　　③ 비전형 근로자

TIP

비정규직 근로자는 일차적으로 고용형태에 의해 정의되는 것으로 한시적 근로자, 시간제 근로자, 비전형 근로자 등으로 분류한다.

구분	내용
1. 한시적 근로자	근로계약기간을 정한 근로자[기간제 근로자] 또는 정하지 않았으나 계약의 반복 갱신으로 계속 일할 수 있는 근로자와 비자발적 사유로 계속 근무를 기대할 수 없는 근로자[비기간제 근로자]를 포함한다.
− 기간제 근로자	근로계약기간을 설정한 근로자가 해당한다.
− 비기간제 근로자	근로계약기간을 정하지 않았으나 계약의 반복 갱신으로 계속 일할 수 있는 근로자와 비자발적 사유[계약만료, 일의 완료, 이전 근무자 복귀, 계절근무 등]로 계속 근무를 기대할 수 없는 근로자이다.
2. 시간제 근로자	직장[일]에서 근무하도록 정해진 소정의 근로시간이 동일 사업장에서 동일한 종류의 업무를 수행하는 근로자의 소정 근로시간보다 1시간이라도 짧은 근로자로, 평소 1주에 36시간 미만 일하기로 정해져 있는 경우 해당한다.
3. 비전형 근로자	파견근로자, 용역근로자, 특수형태근로종사자, 가정 내[재택, 가내] 근로자, 일일[단기]근로자이다.

7 다음은 비전형 근로자에 대한 설명이다. 괄호(   ) 안에 알맞은 용어(단어, 개념)를 쓰시오.

1) (   )는 독자적인 사무실, 점포 또는 작업장을 보유하지 않았으면서 비독립적인 형태로 업무를 수행하면서도, 다만 근로제공의 방법, 근로시간 등은 독자적으로 결정하면서, 개인적으로 모집·판매·배달·운송 등의 업무를 통해 고객을 찾거나 맞이하여 상품이나 서비스를 제공하고 그 일을 한 만큼 소득을 얻는 근무형태를 의미한다.

2) (   )는 용역업체에 고용되어 이 업체의 지휘 하에 이 업체와 용역계약을 맺은 다른 업체에서 근무하는 형태[예 : 청소용역, 경비용역업체 등에 근무하는 자]를 의미한다.

3) (   )는 재택근무, 가내하청 등과 같이 사업체에서 마련해 준 공동 작업장이 아닌 가정 내에서 근무[작업]가 이루어지는 근무 형태를 의미한다.

4) (   )는 임금을 지급하고 고용관계가 유지되는 고용주와 업무 지시를 하는 사용자가 일치하지 않는 경우로 파견 사업주가 근로자를 고용한 후 그 고용관계를 유지하면서 근로자 파견계약의 내용에 따라 사용 사업주의 사업장에서 지휘, 명령을 받아 사용 사업주를 위하여 근무하는 형태를 의미한다.

5) (   )는 근로계약을 정하지 않고, 일거리가 생겼을 경우 며칠 또는 몇 주씩 일하는 형태의 근로자를 의미한다.

정답　1) 특수형태근로종사자
　　　　2) 용역근로자
　　　　3) 가정 내 근로자
　　　　4) 파견근로자
　　　　5) 일일(단기) 근로자

집단상담 프로그램 운영

학습 1 대상자 특성 파악하기

1 집단상담 프로그램 개발 시 확인해야 할 집단상담의 필요성을 5가지 쓰시오.

정답
① 프로그램 개발이 집단상담의 개념과 일치하는지 확인한다.
② 집단상담의 장점과 한계를 확인하고 프로그램을 구상한다.
③ 대상자 및 집단의 성장잠재력에 대해 확인한다.
④ 집단상담 기법을 적용할 적절한 시점인지에 대해 확인한다.
⑤ 집단상담에 적절한 주제인지 확인한다.
⑥ 비적절한 주제에 대하여 수정한다.
※ 위 내용 중 5가지를 선택해서 작성한다.

2 집단상담 프로그램 개발 시 적절한 주제를 6가지 쓰시오.

정답
① 개인적인 성장과 적응에 관한 논점
② 경미한 정서적 논점
③ 자기 탐색 및 이해와 관련된 논점
④ 직무역량의 확장 및 자기계발과 관련된 논점
⑤ 미래시간 전망 및 비전과 관련된 논점
⑥ 문제해결 능력 및 대인관계 능력 향상

3 집단상담 프로그램 개발 시 프로그램의 주제와 관련된 자료를 수집하고 분석해야 되는 사항 5가지를 기술하시오.

정답 ① 대상자별 관련 기관을 확인한다.
② 대상자에 대한 최신의 정확한 자료를 확보한다.
③ 대상에 대한 자료 중 가장 최신의 것인가를 확인한다.
④ 대상자의 성별, 연령별 현황을 파악한다.
⑤ 대상자의 생애진로주기별 직업논점을 파악한다.
⑥ 대상자의 특성을 탐색하고 집단상담 프로그램에서 다룰 수 있는 논점을 확인한다.
⑦ 대상자의 특성에 기반하여 개발할 프로그램의 대안적 주제를 탐색한다.
※ 위 내용 중 5가지를 선택해서 작성한다.

4 집단상담 대상자 중 진로단절여성의 특성을 4가지로 쓰시오.

정답 ① 진로단절 이후 학력 및 취업이력[근속년수], 진로단절 이전의 직종, 자격증 등의 인적자원이 더 이상 노동시장 이행의 결정요인으로 작용하지 못한다.
② 영향력 있는 요인은 배우자의 태도와 자녀양육의 형태로서 심리적 지원이 중요하다.
③ 진로단절 극복을 위해 가장 중요한 요소는 자아효능감, 확신과 같은 내적인 힘이다.
④ 재취업을 희망하는 여성은 노동시장에 대한 정보 부족과 재취업에 대한 자신감 부족으로 자신의 능력에 비해 하향 취업을 희망하며, 저임금 저숙련의 시간제 근로로 재취업하는 것은 여성의 노동시장으로부터의 재퇴장으로 이어진다.

5 부처(Butcher)의 집단 직업상담의 3단계 모델을 쓰고, 각 단계에 대해 설명하시오.

정답 ① 탐색단계 : 자기개방, 흥미와 적성에 대한 측정 및 결과의 피드백 등이 이루어진다.
② 전환단계 : 일과 삶의 가치에 대한 조사, 자신의 가치에 대한 피드백 등이 이루어진다.
③ 행동단계 : 목표설정 및 목표달성을 위한 정보수집, 즉각적 및 장기적 의사결정 등이 이루어진다.

6 톨버트(Tobert)가 제시한 집단 직업 상담의 핵심요소(구성요소와 핵심) 6가지를 쓰시오.

정답 ① 목표(Goal) : 진로발달의 기대수준과 일치하는 현실적인 직업적 자아개념을 확립한다.
② 과정(Process) : 탐색, 상호작용, 개인적 정보의 검색 및 목표와의 연결, 직업적 · 교육적 정보의 획득 및 검토, 의사결정 등 5가지 유형의 활동들로 체계적으로 구성한다.
③ 비밀유지(또는 환경(Setting)/윤리적 원칙) : 개별성원은 집단직업상담에서 이루어진 토의 내용에 대해 비밀을 유지한다.
④ 집단원(Members, 집단구성) : 상호작용 및 피드백을 촉진하고, 구성원의 참여가 원활히 이루어지도록 6 ~ 10명의 소집단으로 구성한다.
⑤ 리더(Leader) : 집단의 리더는 집단상담과 직업정보에 대해 잘 알고 있는 전문적인 자여야 한다.
⑥ 일정(Time/Schedule) : 집단 목표 달성에 충분하도록 최소 8 ~ 10회 등 적절한 횟수와 기간을 확보한다.

7 톨버트(Tobert)가 제시한 집단 직업 상담의 과정에서 나타나는 활동 유형 5가지를 쓰시오.

정답
① 자기탐색
② 상호작용
③ 개인적 정보의 검토
④ 직업적 정보의 검토
⑤ 의사결정

TIP 톨버트(Tobert)의 집단 직업 상담 활동 유형 5가지

활동 유형	특징
자기탐색	자신의 흥미, 가치, 적성 등 진로와 관련된 개인적 특성을 탐색하는 활동이다.
상호작용	집단 구성원 간 의견 교환, 공감, 피드백을 통해 진로관련 사고를 확장하는 활동이다.
개인적 정보의 검토	개인적 자료난 과거 경험을 재해석하고 점검하는 활동이다.
직업적 정보의 검토	다양한 직업 세계에 대한 정보를 수집·분석하는 활동이다.
의사결정	자기탐색과 정보 검토를 바탕으로 자신에게 적합한 진로를 합리적으로 결정하고 계획을 수립하며 실천방향을 구체화하는 활동이다.

1 집단역동의 요소 6가지를 쓰시오.

정답 ① 집단의 배경
② 집단의 참여 형태
③ 의사소통의 형태
④ 집단의 응집성
⑤ 집단의 분위기
⑥ 집단행동의 규준
⑦ 집단원의 사회적 관계 유형
⑧ 하위 집단의 형성
⑨ 주제의 회피
⑩ 지도성의 경쟁
⑪ 숨겨진 안건
⑫ 제안의 묵살
⑬ 신뢰 수준
※ 위 내용 중 6가지를 선택해서 작성한다.

TIP 집단역동의 요소

㉠ **집단의 배경** : 대상자들의 특성, 집단원의 집단상담 사전 경험 여부, 대상자들의 기대 및 요구를 확인한다.

㉡ **집단의 참여 형태** : 대상자들의 참여 태도를 보면, 상담자의 의존도, 자발적 집단활동, 특정 대상자 또는 상담자에게 질문이나 주의의 집중도, 전체 대상자에 대한 집중도 등에 대한 역동성을 포함한다.

㉢ **의사소통의 형태** : 대상자들의 사상, 가치관, 감정 전달 방식, 서로를 이해하는 방식 등을 포함하고, 언어적 및 비언어적 수단이 모두 포함되며, 대화 방식, 자세, 표정, 몸짓 등도 포함된다.

㉣ **집단의 응집성** : 응집성은 대상자들의 유대 관계의 정도를 의미한다. 이를 위하여 집단이 공동체로서 함께 활동하는지 여부, 집단 내에 존재하는 하위 집단, 집단에 미치는 영향, 대상자들이 참여하고 있는 집단을 ‘우리 집단’ 혹은 ‘나의 집단’으로 부르는 호칭 등이 중요하다.

㉤ **집단의 분위기** : 대상자들 간에 수용 정도를 의미하며, 따뜻하다, 친절하다, 느슨하다, 허용적이다, 비형식적이다, 제약적이다 등과 같은 특징으로 묘사될 수 있다.

㉥ **집단행동의 규준** : 집단활동에 대한 대상자 간의 약속이며, 명시적 및 암시적 규준이 해당된다. 명시적 규준은 지금-여기, 나와 너, 감정 이야기, 솔직한 자기 개방 등이 있으며, 암시적 규준은 이야기 가능한 주제, 피해야 할 주제, 감정 개방의 허용 수준, 허용되는 진술의 범위 및 빈도 등이 있다.

㉦ **집단원의 사회적 관계 유형** : 대상자들이 서로 동일시 및 지지하려는 경향을 보이는 것을 의미하며, 대상자들 간의 따돌림, 집단원 간의 우정과 반감, 집단원의 참여의 적극성 등을 파악한다.

◎ **하위 집단의 형성** : 집단에서 소그룹이 형성되어 집단의 주도권을 잡거나 파벌을 형성하는 등의 부정적인 영향을 미치는 경우를 의미하며, 하위 집단의 생성과 작용에 대해 유의해야 한다.

㉿ **주제의 회피** : 다루어야 할 가치가 있는 주제이지만, 대상자들이 어색하고, 불안을 느껴서 주제를 회피하고자 할 때, 상담자는 이를 유의하고, 필요시 회피했던 주제로 다시 돌아가게끔 지원한다.

㉣ **지도성의 경쟁** : 대상자들 간에 상대방을 아이디어와 논쟁, 패배시키려는 생각 등으로 자신의 지위를 확보하고자 노력하는 것을 의미한다. 이러한 경쟁은 중요한 과업을 이룩하는 데 방해가 된다.

㉿ **숨겨진 안건** : 대상자들이 자신만 알고 있는 관심거리나 문제를 가지고 참여하는 경우, 이것 때문에 집단 활동이 제대로 되지 않을 정도로 심각한 경우, 집단상담자나 대상자들 누구든지 이 사실을 표면화하여 다룰 필요가 있다.

㉿ **제안의 묵살** : 어떤 대상자의 제안이 반복적으로 묵살되는 경우, 이에 대하여 표면화하여 다룰 수 있다.

㉿ **신뢰 수준** : 신뢰는 상호 간의 이해력과 감정의 수용력, 엄격성, 개방성, 신의를 지킬 수 있는 능력 등이다. 신뢰 수준은 집단의 성패와 관련이 높으므로, 지속적으로 살피면서 신뢰성을 확보하기 위하여 힘써야 한다.

2　집단상담의 이점 6가지를 쓰시오.

정답　① 시간 및 경제적 측면에서의 효율성
　　　② 자신의 논점에 대한 객관화
　　　③ 실생활의 축소판 기능
　　　④ 대리학습
　　　⑤ 다양한 자원과 지지
　　　⑥ 풍부한 피드백

3 집단상담 프로그램에서 다룰 수 있는 논점을 확인하기 위해 탐색하는 진로단절여성의 특성을 4가지 기술하시오.

정답 ① 진로단절 이후 학력 및 취업이력[근속년수], 진로단절 이전의 직종, 자격증 등의 인적자원이 더 이상 노동시장 이행의 결정요인으로 작용하지 못한다.
② 영향력 있는 요인은 배우자의 태도와 자녀양육의 형태로서 심리적 지원이 중요하다.
③ 진로단절 극복을 위해 가장 중요한 요소는 자아효능감, 확신과 같은 내적인 힘이다.
④ 재취업을 희망하는 여성은 노동시장에 대한 정보 부족과 재취업에 대한 자신감 부족으로 자신의 능력에 비해 하향 취업을 희망하며, 저임금 저숙련의 시간제 근로로 재취업하는 것은 여성의 노동시장으로부터의 재퇴장으로 이어진다.

4 합리정서 행동치료에 근거한 집단상담의 목표를 3가지 기술하시오.

정답 ① 대상자의 비합리적 신념을 합리적 신념으로 바꾸어 수용할 수 있는 합리적 결과를 갖게 하는 것이다.
② 대상자들이 정서적 장애를 최소화하고 자기파괴 행동을 감소시키며 보다 행복한 삶을 영위하도록 조력한다.
③ 비합리적 생각에서 비롯된 비합리적 정서, 나아가서 비합리적 행동과 또 다른 비합리적 사고로 이어지는 악순환의 고리를 끊을 수 있도록 스스로 습관처럼 사용하는 인지 왜곡에 대해 자각할 수 있도록 돕는 데에 목적이 있다.

5   집단상담 프로그램 구성의 원칙 5가지에 대해 기술하시오.

정답 ① 제시하는 순서 : 단순한 내용에서 복잡한 내용으로, 친숙한 내용에서 낯선 내용으로, 구체적인 개념에서 추상적인 개념으로, 그리고 역사적인 발생 순서대로 제시한다.
② 제시되는 내용 간의 연속성 : 연속성은 무작위로 진행하는 것보다 훨씬 더 효과적이다.
③ 내용의 폭과 깊이 간의 조화
④ 프로그램의 참여자들에게 통합된 경험 제공
⑤ 참여자의 능력, 흥미, 요구, 발달 과업에 적합한 내용

6   집단상담 회기별 프로그램 구성 시 「전개 프로그램」의 수행 내용 4가지를 기술하시오.

정답 ① 회기별 세부 목표 달성을 위해 어떠한 주제로 프로그램을 구성해야 하는지 결정한다.
② 프로그램은 각각 다양한 기법을 활용하여 진행할 수 있는 것이라야 참여자들이 지루해하지 않고 집중력을 높일 수 있다.
③ 한 회기의 활동을 구성할 때는 시간적인 제한을 고려한다.
④ 한 회기의 활동을 구성할 때에는 시간과 기법에 대해 적절하게 안배한다.

7 집단상담 목표의 효과적 달성을 위한 선행 프로그램을 수집하고 비교·분석하는데 이때 수집·비교·분석하는 내용을 5가지 쓰시오.

정답
① 관심 있는 대상을 키워드로 자료를 수집한다.
② 근거 이론을 중심으로 개발된 집단상담 프로그램을 수집한다.
③ 주제별 검색을 통해 자료를 수집한다.
④ 비교·분석할 항목을 선택한다.
⑤ 선택된 항목에 따라 선행 프로그램의 내용을 해당 칸에 기재한다.
⑥ 목표의 명확성, 세부 목표의 타당성 등을 비교·분석·평가한다.
⑦ 구조화에 관한 여러 사항이 적절히 설정되어 있는지 살펴본다.
⑧ 다른 프로그램과의 차별성을 어디에 두고 있는지 효과성 분석 및 보고서의 내용을 파악한다.
⑨ 프로그램의 특·장점을 파악하여 후속 프로그램에 반영할 수 있도록 한다.
※ 위 내용 중 5가지를 선택해서 작성한다.

1 다음 집단상담의 유형을 설명하시오.

1) 개방집단

2) 폐쇄 집단

3) 구조화 집단

4) 반구조화 집단

5) 비구조화 집단

정답
1) **개방집단** : 처음 구성된 집단원 중에서 중간 이탈자가 생기면 이를 충원해 가면서 진행하는 집단이다.
2) **폐쇄 집단** : 처음 구성된 집단원 중에서 중간 이탈자가 생기면 충원하지 않는 집단이다.
3) **구조화 집단** : 사전에 설정된 특정 주제와 목표를 달성하기 위해 구체적인 활동으로 구성되고 정해진 계획과 절차에 따라 진행하는 집단의 형태이다.
4) **반구조화 집단** : 비구조화 집단의 형태를 토대로 운영하되, 필요에 따라 구조화 집단에서 활용되는 활동을 이용하는 형태이다.
5) **비구조화 집단** : 정해진 활동이 없고 집단원 개개인의 경험과 관심을 토대로 상호 작용함으로써 집단의 치료적 효과를 얻고자 하는 형태이다.

2　집단역동에 대해 3가지로 설명하시오.

 ① 집단원들 사이에 발생하는 지속적인 상호작용과 상호관계를 일컫는 말이다.
② 집단의 성격과 방향을 좌우하게 되며 집단상담 진행자의 개입과 중재로 집단원 개개인을 변화시키고 치유하는 원동력이 되기도 한다.
③ 집단역동은 집단원들에게 부정적인 영향을 주기도 하므로 진행자의 순발력 있고 능숙한 대처와 주의가 요구된다.

3　집단상담 평가에서 중요한 기준이 되는 집단역동에 대해 관찰해야 하는 질문을 5가지 쓰시오.

 ① 서로 어떻게 말하고 반응하는가?
② 누가 주로 말하고 누가 주로 듣는가?
③ 집단원들은 집단에 대해 소속감을 가지고 있는가?
④ 집단원들은 집단 참여에 대해 어떻게 느끼는가?
⑤ 집단원들은 집단의 목적을 잘 인식하고 있는가?
⑥ 집단원들은 진행자에게 어떠한 태도를 보이는가?
⑦ 집단원들은 자신들에 대해 어떤 느낌을 갖고 있는가?
⑧ 집단원들은 다른 집단원들에게 어떤 감정을 느끼고 있는가?
※ 위 내용 중 5가지를 선택해서 작성한다.

4 집단의 발달 단계 중 「작업단계」의 특징을 5가지 쓰시오.

정답 ① 높은 신뢰와 응집력을 보인다.
② 의사소통이 개방적이고 자신의 경험 표현이 정확해진다.
③ 참여자들 모두가 지도력을 가지며 적절한 상호작용이 이루어진다.
④ 참여자들 간의 갈등이 무엇인지 알며, 그것을 직접적이고 효과적으로 다룰 수 있다.
⑤ 환류를 자유롭게 주고받으며 충분히 숙고한다.
⑥ 참여자들은 집단 밖에서 행동의 변화를 가져오려고 노력한다.
⑦ 변화에 대한 자신들의 시도가 지지를 받는다고 느끼며 과감해진다.
※ 위 내용 중 5가지를 선택해서 작성한다.

5 집단의 발달 단계 중 「종결 단계」에서 진행자의 역할을 5가지 쓰시오.

정답 ① 상담이 끝나는 데서 오는 감정을 잘 다스리도록 도울 것
② 참여자들에게 자기 표현의 기회를 주고 집단 내의 미결 문제를 다룰 것
③ 참여자들의 변화를 강화하고 더 변할 수 있는 깨달음을 얻었음을 확인시켜 줄 것
④ 변화의 실질적 방법으로서 집단원들이 구체적 다짐을 하고 과제를 실천하도록 촉진할 것
⑤ 참여자들에게 바람직한 환류를 주고받을 수 있는 기회를 줄 것
⑥ 상담이 끝난 후에도 집단에서 있었던 일에 대해 비밀을 유지할 것을 다시 한번 당부할 것
※ 위 내용 중 5가지를 선택해서 작성한다.

6 집단상담에서 관계망 구축의 필요성 3가지를 쓰시오.

정답 ① 변화 의지의 지속
② 장애물 극복의 힘
③ 정보교환 및 자원의 활용

TIP 집단상담에서 관계망 구축의 필요성

변화 의지의 지속	• 집단에서 얻은 효과를 망각하게 되는 것을 방지하기 위해서이다. • 시간이 지남에 따라 점차 소거될 가능성을 축소하기 위해서이다.
장애물 극복의 힘	집단 프로그램이 종결되고 스스로 변화를 실생활에서 적용해 보려고 하면 많은 장애물에 봉착하게 되는 상황에서 참여자들 사이에 관계망이 구축되어 있다면, 개개인이 지지적이지 않은 실생활에서 적용에 관한 어려움을 공유할 수 있고 실행 방안에 대한 합리적인 선택이나 실천 의지를 강화하는 데 도움이 될 수 있다.
정보교환 및 자원의 활용	• 집단상담 참여자들은 공통의 목표와 지향점이 있는 사람들로 구성된다. • 따라서 이들이 각각 가지고 있는 개인적 자원을 활용하고, 구축되어 있는 네트워킹을 연결하여 도움을 받을 수 있도록 하는 것은 집단상담의 특·장점에 속할 수 있다.

7 관계망 구축을 위한 집단상담 진행자의 역할을 5가지 쓰시오.

정답 ① 참여자들의 연락처와 소속 등이 기재된 연락망을 공유할 수 있도록 조력한다.
② 추수 회기의 성격을 띠는 만남을 주선한다.
③ SNS를 통해 네트워킹을 형성할 수 있도록 돕는다.
④ 기관의 승인을 받아 정기적인 모임의 장소를 제공한다.
⑤ 집단상담 프로그램의 목표와 관련된 정보를 지속적으로 제공함으로써 참여자들이 집단에서 얻은 효과에 대한 경험을 활용하고 유지하도록 촉진한다.
⑥ 기관에서 실시되는 교육, 행사 등의 정보를 참여자들의 네트워킹을 통해 제공함으로써 집단 참여 경험에 대해 상기시키고 연계 교육에 참여할 수 있도록 독려한다.
※ 위 내용 중 5가지를 선택해서 작성한다.

8　집단역동에 영향을 주는 요인을 6가지 쓰시오.

정답　① 집단원의 배경
　　　② 집단상담 프로그램의 목적과 명료성
　　　③ 집단의 크기
　　　④ 집단회기의 길이
　　　⑤ 회기의 빈도
　　　⑥ 집단상담 실시 장소
　　　⑦ 집단 참여 동기
　　　※ 위 내용 중 6가지를 선택해서 작성한다.

1　집단상담의 집단원 만족도 평가에서 프로그램 운영 과정에 관한 평가 사항을 5가지 쓰시오.

정답
① 계획 및 준비도 평가
② 자원·목적 성취도
③ 연계에 관한 평가
④ 전문성 유지 노력에 관한 평가
⑤ 참여도
⑥ 내용 및 진행 만족도
⑦ 개선사항 및 제언
⑧ 느낀 점
※ 위 내용 중 5가지를 선택해서 작성한다.

2　집단상담 프로그램 평가 보고서에 포함되는 내용을 5가지 쓰시오.

정답
① 작성자 및 작성 일시
② 프로그램명 및 프로그램의 목표
③ 프로그램 참여자의 자격
④ **회기별 정보** : 실시 일정, 장소, 진행자, 보조 진행자
⑤ 프로그램 운영 과정에 관한 평가 사항
⑥ 세부 프로그램에 대한 평가 사항
※ 위 내용 중 5가지를 선택해서 작성한다.

3 집단상담 프로그램 수정 · 보완 시 유의사항을 3가지 쓰시오.

 ① 프로그램의 수정 · 보완은 평가 내용을 충분히 반영한다.
② 프로그램 평가에서 좋은 피드백을 받은 내용은 그대로 유지하되 진행 과정에서 필요한 통계치나 업데이트가 필요한 자료 등은 즉각적으로 수정한다.
③ 프로그램 평가에서 좋은 평가를 받지 못한 프로그램을 수정할 때는 주의가 요구된다. 프로그램의 수정에 앞서 진행 일지를 확인하고, 다음과 같은 경우에는 프로그램에 대한 재검증이 필요하다.

4 집단상담 프로그램의 수정 · 보완 시 재검증이 필요한 경우를 4가지 쓰시오.

 ① 집단역동이 지나치게 수동적이거나 산만한 경우
② 세부 지도안에 제시된 활동의 시간이 지켜지지 않은 경우
③ 집단 운영 과정에서 집단원의 무리한 언행으로 인해 진행자가 의도적인 개입을 한 이후에 진행된 프로그램인 경우
④ 프로그램에 대한 만족도가 일치하지 않는 경우

1 집단상담 프로그램 사후관리의 필요성을 3가지 쓰고 설명하시오.

정답 ① 실생활 적용 지원 : 사후관리는 상담 현장에서 학습하고 변화된 정서·인지·행동 등이 실생활에 적용될 수 있도록 지원한다.

② 지속적인 변화 관리 촉진 : 변화하려는 의지와 같은 심리적 지지나 행동 변화 등을 지키려는 노력, 스스로 동기를 부여하여 목표를 설정하고 접근해 가려는 노력이 퇴색되고 점차 소멸되는 것을 줄이고 지속적인 변화 관리를 촉진한다.

③ 정보 제공 : 종결되면 필요에 따라 연계 프로그램의 참여, 타 상담기관으로의 의뢰, 직업훈련 등 대상의 욕구에 따라 관련 정보를 제공한다.

2 집단상담의 사후관리 방법을 6가지 쓰시오.

정답 ① 추수 집단 회기
② 개별 추수면담
③ 온라인 네트워크
④ 오프라인 회합
⑤ 동호인 모임
⑥ 이벤트

TIP 사후관리의 방법

추수 집단 회기	• 집단원들이 진술한 목표를 얼마만큼 수행했는지, 계약의 내용과 기대를 어느 정도 만족시켰는지를 평가해 보기 위해 갖는다. • 추수 집단 회기는 집단원의 특성에 따라 다소 차이가 있다. • 일반적으로 집단이 종결하고 2 ~ 6개월 후에 갖지만, 시급한 의사결정을 수반하는 내용이 필요하다면 종결 후 2주일 ~ 1개월 후에 실시하기도 한다.
개별 추수면담	개별적인 추수면담은 많은 시간이 소요되는 단점이 있으나 집단의 효과를 측정하는 좋은 방법이다. 또 집단상담 프로그램에서 개인에게 초점을 맞추는 데 한계가 있었던 점을 고려할 때 보완적으로 사용할 수 있는 좋은 방법이다.
온라인 네트워크	• 시간과 비용을 고려할 때 가장 용이하고 현실적인 사후관리 방법으로 온라인 네트워크를 활용할 수 있다. • 이는 집단상담 프로그램이 종결되기 이전에 구축한 소셜 네트워크 서비스를 이용하는 것인데 반드시 집단원의 동의를 얻어 자발적인 참여 의사를 확인해야 한다. • 온라인 네트워크는 진행자와 집단원, 집단원 간 원활한 소통을 이루어나갈 수 있어 큰 장점이 있다.
오프라인 회합	• 집단원 간 정서적 교류, 친밀성, 강화 차원에서 더 효과적이다. • 집단상담 프로그램이 종결되기 이전에 집단을 이끌어갈 리더를 선발해 두면 진행하는 데에 수월하다.
동호인 모임	• 기관에서 집단상담 프로그램이나 교육이 지속적으로 전개될 때 한 집단에 참여한 집단원은 아닐지라도 유사한 목표와 관심을 갖는 사람들끼리 동호인 모임을 구성할 수 있다. • 이는 관계망의 확장을 가져올 수 있고 인적자원 활용 측면에서 효율성이 큰 이점이 있다.
이벤트	• 집단상담 프로그램을 실시한 기관에서 개최하는 다양한 이벤트를 통해 집단원과의 관계를 지속시키고 소속감을 부여할 수 있다. • 다양한 행사에 대한 홍보와 진행 과정에 집단원의 자발적 참여를 촉진할 수 있으며 최신의 정확한 정보를 제공할 수 있다.

3   사후관리를 위한 집단상담 진행자의 역할을 5가지 쓰시오.

정답 ① 변화 관리를 위한 지지자
     ② 효과 지속력
     ③ 연계 프로그램의 소개
     ④ 사후 네트워킹 조력
     ⑤ 정보 제공

TIP 사후관리를 위한 집단상담 진행자의 역할

변화 관리를 위한 지지자	• 집단원의 목표 달성을 평가하고 이행이 잘 진행되고 있다면 지속적으로 새로운 행동을 실천하여 자신의 인지체계에 정착시킬 수 있도록 돕는 역할을 수행한다. • 만일 집단원이 참여한 프로그램이 취업과 관련된 것이라면 프로그램이 종결된 이후에 집단원의 취업 여부, 근무 유지 기간, 취업준비 과정에서의 애로사항 등에 대해 파악하고 이에 대해 도움을 줄 수 있다.
효과 지속력	집단상담 진행자는 집단원들의 집단 경험 효과를 지속시키기 위해 그 효과가 얼마나 오랫동안 지속되고 그 과정에서 문제점은 없는지 등을 파악하고 적용을 촉진하는 역할을 수행한다.
연계 프로그램의 소개	집단원 개개인의 지지 자원을 파악하고 그들의 실천 목표를 용이하게 수행할 수 있도록 하는 다양한 연계 프로그램을 소개할 수 있다. 필요한 경우 개인 상담을 비롯하여 관련 상담 프로그램, 교육, 자격 취득 훈련과정 등이 이에 해당한다.
사후 네트워킹 조력	• 집단상담이 종결된 후 집단원과의 소통, 집단원 간의 소통을 위해 진행자는 다양한 방법을 모색하고 이를 조력하는 역할을 수행한다. ㉠ 집단원의 동의를 받아 연락망을 공유하는 것을 돕는다. ㉡ SNS를 통한 네트워킹에 대한 도움을 준다. ㉢ 기관의 승인을 받아 정기적 또는 비정기적 모임의 장소를 제공한다. ㉣ 유사한 관심과 목표를 가진 사람들의 동호인 모임을 주선한다.
정보 제공	집단원이 참여한 프로그램과 관련된 진로 정보 및 기관에서의 교육, 행사 등의 정보를 제공하여 집단 참여 경험을 상기시키고 이를 확장해 나갈 수 있도록 돕는 역할을 수행한다.

4 사후관리를 위한 집단상담 진행자의 역할 중 '사후 네트워킹 조력'을 위한 수행 4가지를 쓰시오.

정답 ① 집단원의 동의를 받아 연락망을 공유하는 것을 도움
② SNS를 통한 네트워킹에 대한 도움
③ 기관의 승인을 받아 정기적 또는 비정기적 모임의 장소 제공
④ 유사한 관심과 목표를 가진 사람들의 동호인 모임 주선

직업상담 행정

학습 1　직업상담 인력 관리하기

1　직업상담은 인적자원을 활용하여 서비스를 제공하기에 인력 관리가 중요하다. 직업상담 인력 관리는 전년도 사업 평가와 함께 당해 연도 사업목표에 따라 인력 관리 계획을 수립한다. 인력 관리 계획서 작성 시 고려해야 할 4가지를 쓰시오.

정답　① 인적 자원 명세서 작성
　　② 직무분석
　　③ 인력 수요 판단
　　④ 인력 공급 판단

TIP 인력 관리 계획서 작성

㉠ 직업상담 인력의 채용, 훈련, 평가, 보상 및 상담 일정 조정 제도[규정]를 작성하고 사무실에 비치하도록 한다.

㉡ 인적 자원 명세서 작성 : 연령, 성명, 학력, 능력, 훈련, 특기 및 기타 특정 조직에 적절한 정보들을 작성하게 한다.

㉢ 직무분석 : 직무기술과 직무명세로 '직무기술(job description)'은 직무의 목적, 해야 할 일의 형태, 책임과 의무, 근로조건, 업무와 다른 직무와의 관계를 설명하는 것이고, '직무명세(job specification)'는 직원이 특정한 업무를 수행하는데 필요한 최소한의 능력[학력, 기능 등]을 서면으로 요약한 것이다.

㉣ 인력 수요 판단 : 직업상담 자격 취득자나 조직의 필요에 의하여 훈련된 사람들을 확보할 수 있어야 한다. 직업상담 조직은 인력을 사전에 준비한다.

㉤ 인력 공급 판단 : 인구구조, 경제환경, 산업·기업 동향에 따라 노동력은 항상 변화하기 때문에 인력에 대한 분석과 준비를 항상 하고 있어야 한다.

2 직업상담은 지속적인 향상 훈련을 실시함으로써 직업상담의 질을 추구할 수 있다. 직업상담 인력 교육 실시를 위한 교육 요구도 조사 시 고려해야 할 3가지를 제시하시오.

정답 ① 사전 자료 조사
② 교육 이수자의 의견조사
③ 요구도 조사

TIP 교육 요구도 조사

㉠ 사전 자료 조사 : 직업상담직군 직무분석 자료, 기존 직업상담 실무 교육 커리큘럼, 국외 직업상담 인력 양성 교육 커리큘럼 분석, 국가직무능력표준(NCS) 직업상담 등의 자료를 분석하여 교육과정의 방향을 설정한다.

㉡ 교육 이수자의 의견조사 : 교육과정에 대한 의견을 조사하기 위하여 교육 효과에 대한 의견, 과정 선호도에 대한 의견, 교과 과정 개선사항 등을 이메일 또는 유선으로 조사하여 분석한다.

㉢ 요구도 조사 : 교육 대상의 근무 지역, 기관 유형, 경력, 연령 등 특성 분석, 교육 시기, 일정, 시간, 장소 등에 대한 의견분석, 교육 대상의 직업상담 서비스에 대한 인식 분석 등을 반영하여 교육 내용 및 교육 방법을 수정, 보완한다.

1　평가 결과를 반영하여 업무를 개선하며, 실적 부진 상담자에게는 격려와 지지를 통하여 발전 방안을 제안한다. 평가 시 부정확한 평가방법에 대해 3가지 설명하시오.

정답　① 상담과 상담 프로그램에 대한 의견 수렴에 있어 너무 적은 표본과 대상 추출
② 동등하지 않은 집단 간 비교
③ 지금 진행하고 있는 상담과 상담 프로그램을 평가하기보다 오히려 매체를 통한 서비스 증진
④ 취향이 같은 사람들을 모으고 그들로 하여금 평가하도록 하는 것
⑤ 어떤 분명한 목표 없이 평가를 시도하는 것
※ 위 내용 중 3가지를 선택해서 작성한다.

2 평가는 계속적 과정이기 때문에 직업상담가는 평가시간을 기획한다. 평가모형을 2가지 제시하고 간략하게 서술하시오.

정답 ① 계획 · 프로그램 · 예산 계상 체계(PPBS : Planning, Programming, Budgeting System) : 비용 · 효과를 분석하는 평가모형으로 '기대한 대로 성취하였는가?, 가장 효과적인 프로그램이 무엇인가?'를 기준으로 경제학자나 관리자가 평가한다.

② 맥락 · 입력 · 과정 · 생산 모형(CIPPM : Context, Input, Process, Product Model) : 설계한 프로그램과 실제 성취와의 비교한 것으로 관리자나 심리학자가 측정한다. '내담자가 목적을 성취하였는가? 직업상담가가 생산적인가?'에 관점을 두고 행동적 목적과 성취를 평가하는 것이다.

TIP 평가의 모형

㉠ 계획 · 프로그램 · 예산 계상 체계(PPBS : Planning, Programming, Budgeting System) : 진술된 목표, 목적, 평가 기준, 프로그램의 설계에 관한 것으로, 효과적인 상담이 중요한 변수로 작용하여 비용 · 효과를 분석하는 것이다. '기대한 대로 성취하였는가?, 가장 효과적인 프로그램이 무엇인가?'라는 의문을 제기하며, 주로 경제학자나 관리자가 평가한다.

㉡ 맥락 · 입력 · 과정 · 생산 모형(CIPPM : Context, Input, Process, Product Model) : 관리자나 심리학자가 측정하며, '내담자가 목적을 성취하였는가? 직업상담가가 생산적인가?'에 관점을 두고 행동적 목적과 성취를 평가하는 것이다. 설계한 프로그램과 실제 성취와의 비교하고 프로그램의 목적을 충족하기 위하여 정보를 모으는 입력평가를 실시한다. 프로그램 설계의 장단점에 초점을 맞추고 결과에 초점을 맞춘다.

1 직업상담의 모든 사무는 문서로부터 시작하고 문서로 끝난다. 문서 처리의 3원칙을 쓰고 간략히 설명하시오.

정답 ① 즉일 처리 원칙 : 그날 처리해야 하는 것은 그날로 처리한다.
② 책임 처리 원칙 : 문서는 정해진 업무분장에 따라 책임을 지고 신속·정확하게 처리해야 된다.
③ 적법성의 원칙 : 문서는 법령의 규정에 따라 일정한 형식과 요건을 갖추어야 하고 권한 있는 자에 의해 작성·처리되어야 한다.

TIP 문서 처리의 원칙

㉠ 즉일 처리 원칙 : 문서에 내용 성질에 따라 효율적인 업무 수행을 위하여 그날 처리해야 하는 것은 그날로 처리한다.
㉡ 책임 처리 원칙 : 문서는 정해진 업무분장에 따라 책임을 지고 신속·정확하게 처리해야 된다.
㉡ 적법성의 원칙 : 문서는 법령의 규정에 따라 일정한 형식과 요건을 갖추어야 하고 권한 있는 자에 의해 작성·처리되어야 한다.

2 기안문 작성 시 고려해야 할 사항 5가지를 쓰시오.

정답 ① 정확성
② 신속성
③ 용이성
④ 경제성
⑤ 성실성

TIP 기안문 작성 시 유의사항

㉠ **정확성** : 육하원칙에 의하여 작성하며 오·탈자나 개수 착오 없도록 하고, 필요한 내용을 빠트리지 않고 잘못된 표현이 없도록 작성한다. 의미 전달에 혼돈이 일어나지 않도록 정확한 용어를 사용하고 문법에 맞춰 문장을 구성한다. 기안문은 애매모호하거나 과장된 표현에 의하여 사실이 왜곡되지 않도록 한다.

㉡ **신속성** : 문장은 짧게 끊어서 개조식으로 쓰며 항목별로 표현하고, 가급적이면 먼저 결론을 쓰고 그다음에 이유나 설명을 한다.

㉢ **용이성** : 읽기 쉽고 알기 쉬운 말을 쓰며, 한자나 어려운 전문용어는 피한다. 한자나 전문용어를 쓸 때에는 ( )를 사용하여 용어를 쓰고 해설을 붙인다. 기안문은 받는 사람의 이해력과 독해력을 고려하여 작성을 해야 하며 추상적이고 일반적 용어보다는 구체적이고 개별적인 용어를 쓴다.

㉣ **경제성** : 일상 반복적인 업무는 표준 기안문을 활용하며, 용지규격·지질을 표준화하고, 서식을 통일하며 문자를 부호화하여 활용한다.

㉤ **성실성** : 성의가 있고 진실하게 작성하며 적절한 경어를 사용하며, 감정적이거나 위압적인 과격하거나 과장된 표현은 쓰지 않는다.

1　직업상담은 진단, 상담, 프로그램 등의 진행에서 발생되는 서식이 있고, 각 사업마다 시작과 종결 과정에서 생산되는 기록들이 있다. 직업상담 운영을 위한 서식을 5가지 쓰시오.

정답　① 상담신청서
② 초기면담 기록지
③ 상담과정 기록지
④ 상담 사례 요약서
⑤ 상담일지

TIP　직업상담 운영 관련 서식

㉠ **상담신청서** : 내담자에 관한 일반적 사항 기록, 구인표를 상담신청서로 대신 가능하다.

㉡ **초기면담 기록지** : 내담자의 표정, 태도, 옷차림 등에 대한 상세한 정보와 상담하러 오게 된 경위, 가계도, 주요 호소 문제 등에 대해서 알아보며, 상담자의 평가와 의견을 제시한다.

㉢ **상담과정 기록지** : 상담이 진행된 일시, 시간, 회기 수, 다음 회기, 상담 내용, 주요 호소 문제, 진단 및 주요 상담 방법, 상담 후의 주요 변화, 직업상담가의 평가 및 의견 등으로 구성된다.

㉣ **상담 사례 요약서** : 상담 종결 시 작성하며 상담 시작 일시, 종료 일시, 주요 호소 문제, 최종 진단 및 상담방법, 상담 후의 주요 변화, 상담 종결 의견, 직업상담가의 총평가 등을 기록한다.

㉤ **상담일지** : 매 상담이 종료되면 상담 진행 건수, 내담자 성명, 총상담 횟수, 상담 내용 등을 간략하게 기록한다.

2 상담실은 내담자의 개인적인 정보를 주고받는 곳이기 때문에 상담사의 주의가 필요하다. 내담자의 편안함을 위해 상담사가 취해야 할 상담실의 여건 또는 상담사의 태도를 3가지 기술하시오.

정답 ① 평균적 거리로 85 ~ 90cm를 유지한다.
② 서로의 각도가 90도가 되도록 앉는 것이 좋다.
③ 상담실 문에 상담이 진행 중임을 알리는 표시판을 설치한다.
④ 전화는 보류시켜 상담이 중단되지 않도록 한다.
※ 위 내용 중 3가지를 선택해서 작성한다.

TIP 내담자의 편안함 유지를 위한 상담실 여건

㉠ 직업상담가와 내담자와의 거리는 개인에 따라 편안함의 수준이 상이할 수 있으나, 성에 관계 없이 평균적 거리로 85 ~ 90cm를 권하고 있다.
㉡ 직업상담가는 테이블 가까이에 바로 앞에서 바라볼 수 있는 서로의 각도가 90도가 되도록 앉는 것이 좋다.
㉢ 직업상담가는 상담을 방해할 수 있는 것에 대해 사전에 조치를 한다.
 • 상담실 문에 상담이 진행 중임을 알리는 표시판을 설치한다.
 • 전화는 보류시켜 상담이 중단되지 않도록 한다.

1　안정적인 전산망 관리를 위한 정보보안의 원칙을 3가지 제시하고 각 원칙에 대해 간략히 설명하시오.

정답　① 기밀성 : 허락되지 않은 사용자 또는 객체가 정보의 내용을 알 수 없도록 하는 것이다.
② 무결성 : 허락되지 않은 사용자 또는 객체가 정보를 함부로 수정할 수 없도록 하는 것이다.
③ 가용성 : 허락된 사용자 또는 객체가 정보에 접근하려 하고자 할 때 방해받지 않도록 하는 것이다.

TIP　정보보안의 원칙

㉠ 기밀성(confidentiality) : 허락되지 않은 사용자 또는 객체가 정보의 내용을 알 수 없도록 하는 것으로 비밀 보장이고, 원치 않는 정보의 공개를 막는다는 의미에서 개인의 비밀 보호와 관련이 있다.

㉡ 무결성(integrity) : 허락되지 않은 사용자 또는 객체가 정보를 함부로 수정할 수 없도록 하는 것으로 수신 자가 정보를 수신했을 때, 또는 보관되어 있던 정보를 열람했을 때 그 정보가 중간에 수정 또는 삭제되지 않았음을 확인할 수 있도록 하는 것이다.

㉢ 가용성(availability) : 허락된 사용자 또는 객체가 정보에 접근하려 하고자 할 때 방해받지 않도록 하는 것으로 최근에 네트워크의 고도화로 대중에 많이 알려진 서비스 거부 공격[DoS 공격, Denial of Service Attack]이 가용성을 해치는 공격 중 하나이다.

2 다음 설명에 적합한 용어를 쓰시오.

> (㉠)는 광(光) 또는 전자적 방식으로 처리되는 부호, 문자, 음성, 음향 및 영상 등으로 표현된 모든 종류의 자료 또는 지식이며, (㉡)는 정보를 생산·유통 또는 활용하여 사회 각 분야의 활동을 가능하게 하거나 그러한 활동의 효율화를 도모하는 것을 말한다. (㉢)은 정보의 수집·가공·저장·검색·송신·수신 및 그 활용, 이에 관련되는 기기·기술·서비스 및 그 밖에 정보화를 촉진하기 위한 일련의 활동과 수단을 말한다.

1) ㉠ - (   )

2) ㉡ - (   )

3) ㉢ - (   )

정답 1) 정보

2) 정보화

3) 정보통신

취업지원행사 운영

학습 1 행사범위 결정하기

1 행사계획 시 유의사항 4가지를 기술하시오.

정답 ① 실현 가능해야 한다.
② 세부사항 계획 시에는 전체적인 전략에서 벗어나지 않아야 한다.
③ 행사 계획은 한 번 확정했다고 끝이 아니라 지속적으로 조정하고, 수정하는 과정이다.
④ 행사는 종합예술과 같아 다양한 분야 전문가들과의 협업의 과정이므로 전문가 의견을 존중한다.

2 행사계획 전 분석해야 할 내용을 6가지 쓰시오.

정답 ① 인구통계학적 특성과 사회통계학적 분석
② 행사 주최, 주관 분석
③ 참가동기 분석
④ 참여자의 체류시간 분석
⑤ 참여자의 지역분석
⑥ 행사 개최시기 분석

TIP 행사계획 전 분석

㉠ **인구통계학적 특성과 사회통계학적 분석** : 행사 대상자의 많은 부분이 인구통계학적 변수(나이, 성별 등)와 사회통계학적 변수(학력, 진로단절, 장애, 전직 등)에 의해 결정된다.

㉡ **행사 주최/주관 분석**
 • 행사의 주최자와 주관자가 동일한 경우는 행사전담팀을 구성 실행하면 되고, 발주자로서 행사의 실행을 외부에 위탁하는 경우는 적합한 업체 선택과 관리가 중요하다.
 • 입찰방식을 통해 타 기관에 행사를 위탁하여 실행하는 경우는 발주기관의 특성과 요구사항을 정확히 전달하는 것이 성공적인 행사를 위해 필요하다.

㉢ **참가동기 분석** : 전년도 행사 참가자의 참여동기를 분석하여 구직자의 요구도를 파악할 수 있다.

㉣ **참여자의 체류시간 분석** : 참여자가 어느 기업 부스에 몰리는지, 어느 프로그램을 선호하는지, 얼마나 행사장에 머무르는지를 분석하여 행사장 내 각 부스 면적 결정과 동선계획, 대응능력 등 계획수립에 반영한다.

㉤ **참여자의 지역분석** : 참가자의 지역적 분포를 분석하여 행사장을 결정하거나 홍보전략에 참조한다.

㉥ **행사 개최시기 분석** : 기업의 채용형태가 수시채용으로 변화하고 있기는 하지만 대상자 및 지역, 그리고 구인기업 상황에 따라 채용시기가 달라질 수 있으므로 적절한 시기에 개최할 수 있도록 고려한다.

3 행사범위 결정시 먼저 고려해야 할 범위를 순서대로 작성하시오.

정답 ① 행사 시기
② 행사 장소
③ 지역
④ 규모
⑤ 내용

TIP 행사범위 결정시 고려해야 할 범위 : 행사시기 → 행사장소 → 지역 → 규모 → 내용

4 행사의 일반적인 목적을 4가지 기술하시오.

정답 ① 국민이나 지역주민의 니즈 충족
② 애국심과 애향심 발로
③ 주최지역의 정체성 확립
④ 지역주민의 연대의식 고취
⑤ 정보취득과 정보교류 확대
⑥ 지역의 경쟁력 강화
⑦ 취업률, 고용률 향상
⑧ 지역발전에 이바지
※ 위 내용 중 4가지를 선택해서 작성한다.

5 행사범위에 대한 분류이다. 괄호 안에 알맞은 기호(㉠ ~ ㉣)를 선택하시오.

㉠ 장소에 따른 분류	㉡ 지역에 따른 분류
㉢ 규모에 따른 분류	㉣ 내용에 따른 분류

1) 실내, 실외 : (   )

2) 박람회, 캠프, 세미나, 워크숍 : (   )

3) 국내, 해외 : (   )

4) 광역시, 지자체 단위 행사, 전국단위 행사, 국제행사 : (   )

정답 1) 실내, 실외 : (㉠   )
    2) 박람회, 캠프, 세미나, 워크숍 : (㉣   )
    3) 국내, 해외 : (㉡   )
    4) 광역시, 지자체 단위 행사, 전국단위 행사, 국제행사 : (㉢   )

TIP 행사범위(지역 및 장소, 내용)에 따른 분류

㉠ 장소에 따른 분류
- 실내 : 날씨 영향을 받지 않는 장점, 참여인원 제한
- 실외 : 기후, 온도, 일출, 일몰 등 영향을 받으며 비교적 많은 인원 참여 가능

㉡ 지역에 따른 분류
- 국내 : 지방행사, 중앙행사
- 해외 : 해외 참가형

㉢ 규모에 따른 분류
- 광역시, 지자체 단위 행사
- 전국단위 행사
- 국제행사

㉣ 내용에 따른 분류
- 박람회
- 캠프
- 세미나
- 워크숍

1   행사유형 중 취업박람회의 행사 목표 6가지를 설명하시오.

정답   ① 구인기업과 구직자의 현장면접을 통한 취업 지원
② 예비구직자의 취업서류 및 면접 체험
③ 직업훈련기관 및 고용서비스 기관들의 정보 제공
④ 구직자들에게 취업정보 제공
⑤ 구직자들의 구직역량 향상
⑥ 기업홍보

2   행사 시기를 결정하고자 한다. 이때 고려해야 할 사항을 5가지 쓰시오.

정답   ① 행사 개최시기의 날씨, 기후, 계절 동향
② 행사 표적 고객의 개최시기 동향 분석(시험기간, 졸업시즌 등)
③ 국내외적으로 행사에 영향을 줄 수 있는 정치, 경제적 동향
④ 행사장소의 사용이 용이한 시점
⑤ 충분한 행사 준비기간 확보
⑥ 타 (취업)행사의 중복 여부
⑦ 지역의 협업기관의 동향
※ 위 내용 중 5가지를 선택해서 작성한다.

3 행사장소를 결정하고자 한다. 이때 고려해야 할 사항을 5가지 쓰시오.

정답 ① 누구나 찾기 쉬운 지명도가 있는 장소
② 개최장소 주변 환경
③ 행사장 안전성
④ 행사 동선계획과 사고 예방에 주의
⑤ 장소 이용료 및 인허가 상황
⑥ 교통의 편리성(접근성 용이)
⑦ 주차시설 확보 여부
⑧ 대상자와 친밀도가 있는 장소(학교, 체육관, 복지관 등)
⑨ 행사장 외 편의시설 상태
※ 위 내용 중 5가지를 선택해서 작성한다.

4　행사 구성 조직유형을 3가지 제시하고 각 조직유형의 특징을 간략하게 설명하시오.

정답　① 단순운영 조직 : 소규모 행사에 적합하다. 소수인원으로 탄력적으로 운영할 수 있는 장점에 비해 1인이 다양한 업무를 소화해야 하므로 전문성이 떨어지는 단점이 있다.

② 네트워크 조직 : 아웃소싱을 통해 외부 위탁하거나 전략적 제휴로 외부 전문가에게 맡기는 조직 형태. 관주도형 행사에 많이 사용한다. 특화된 외부업체를 활용하여 전문성을 충분히 이용할 수 있고, 소수인원으로도 가능하여 예산절감효과가 있는 장점이 있고, 계약이행과정에서 업체와의 갈등이 발생할 수 있다거나 관리를 철저히 하지 않으면 정보가 유출되는 단점이 있다.

③ 기능 조직 : 전문성과 창의성을 극대화할 수 있으며 단순한 조직에서 복잡한 조직으로 변화가 용이하다. 대규모 취업박람회 운영에 적합하다.

④ 프로그램 중심 조직 : 프로그램 간 관련성이 적어 독립된 장소에서 산발적으로 개최. 프로그램의 요소들이 매트릭스처럼 얽혀 있는 구조를 지닌다. 독립적으로 운영되어도 전체적인 흐름을 파악하고 관리하는 책임자가 필요하다.

⑤ 프로젝트팀 조직 : 국가적 행사를 위해 임시적으로 구성하는 조직. 수평적 조직으로서 숙련된 전문가들이 배치되고 많은 자원봉사자가 필요하다.

※ 위 내용 중 3가지를 선택해서 작성한다.

5 취업행사 예산은 행사가 확정되어 실제 개최 결정을 하면 다시 예산계획을 세우게 된다. 메튜스(Matthews, 2012)는 예산계획에 필요한 단계를 5단계로 구분한다. 메튜스의 예산계획 5단계를 순서대로 쓰시오.

정답 ① 비용 추적 시스템 개발 단계
② 항목별 지출리스트 작성 단계
③ 항목별 실제비용 산출 단계
④ 비용 산정과 업데이트 단계
⑤ 추가비용 처리 단계

TIP 메튜스의 예산계획 5단계

㉠ 비용 추적 시스템 개발 단계 : 예산서는 한 번 작성하면 끝나는 것이 아니라 행사 기획단계부터 실행단계까지 끊임없이 변경되므로 예산에 대한 효과적인 추적 시스템이 필요하다.

㉡ 항목별 지출리스트 작성 단계 : 인건비, 행사비, 시설투자비, 홍보비, 추진운영비 등 항목별 지출리스트를 작성한다.

㉢ 항목별 실제비용 산출 단계 : 항목별 실비용을 산출하기 위해서는 항목별 지출리스트를 근거로 해당 협력업체로부터 견적을 받고 지난 행사결과보고서를 참고로 실제비용을 산출한다.

㉣ 비용 산정과 업데이트 단계 : 기획을 완벽하게 하더라도 행사를 시행하는 과정에서 누락된 예산에 대한 지속적인 검토를 통해서 변동사항은 예산에 반영한다.

㉤ 추가비용 처리 단계 : 행사기획을 완벽하게 하더라도 행사를 시행하다 보면 예기치 못한 상황에 따른 추가예산 확보와 미처 포함하지 못한 추가예산이 발생하게 된다.

1 기업의 CI는 다양한 기능적 이점이 있다. 마케팅 관점에서의 이점을 5가지 쓰시오.

정답 ① 기업 및 브랜드에 대한 긍정적 태도 상승
② 이해관계자 친밀감 유도
③ 광고 및 홍보 효율성 상승
④ 기업의 신시장 진입 용이
⑤ 브랜드 로얄티 증가

TIP CI의 기능

㉠ 내부적 이점
• 기업 구성원의 사기를 높이고 동기를 유발
• 종업원의 이직률 감소
• 제품 및 서비스 질 향상
• 우수인재 채용 용이
• 구성원 간의 통합 증진

㉡ 재무적 이점
• 기업의 안정성을 유도하여 주식 가격 상승
• 기업합병 및 주식 취득 용이
• 경쟁기업 공격으로부터 보호

㉢ 마케팅 이점
• 기업 및 브랜드에 대한 긍정적 태도 상승
• 이해관계자 친밀감 유도
• 광고 및 홍보 효율성 상승
• 기업의 신시장 진입 용이
• 브랜드 로얄티 증가

2　홍보매체 선정 시 고려해야 하는 사항 5가지를 쓰시오.

정답　① 타깃 선정
　　② 홍보 시기
　　③ 홍보지역 결정
　　④ 홍보매체 결정
　　⑤ 예산 확인

TIP　홍보매체 선정시 고려해야 할 사항

㉠ 타깃 선정 : 매체를 선정할 때 기초가 되는 것은 타깃 선정이다. 타깃은 행사를 홍보하기 위한 구체적 소비자 집단으로 그들의 수요를 읽을 수 있는 통찰력이 필요하다.
- 취업행사 취지와 목적에 맞는 대상자인가?
- 대상자가 필요로 하는 욕구는 무엇인가?
- 대상자 특성에 따른 적합한 매체는 무엇인가?

㉡ 홍보 시기 : 홍보가 결정되면 홍보는 언제 할 것이며 기간은 얼마나 할 것인지를 결정해야 한다.

㉢ 홍보지역 결정 : 홍보를 어느 곳에 할 것인가에 대한 결정이다. 행사 범위가 나라 전체인지, 광역시도 또는 자치단체인지에 따라 홍보지역을 결정한다.

㉣ 홍보매체 결정 : 홍보대상자 특성, 홍보시기와 지역, 매체유형별 장단점을 파악하여 어떤 매체를 활용할 것인가 결정한다.

㉤ 예산 확인 : 선택한 홍보매체에 투입되는 예산이 예산 범위 안에 있는지 확인한다.

3 인터넷광고는 시간과 공간의 확장, 광고내용 변경의 용이성, 상대적으로 저렴한 비용 등으로 확산되는 추세이다. 인터넷광고 방법을 5가지 제시하시오.

정답 ① 배너광고
② 검색광고
③ 메일광고
④ 스플래시 스크린
⑤ 스폿 리싱
⑥ URL
⑦ 채팅룸
※ 위 내용 중 5가지를 선택해서 작성한다.

TIP 인터넷 광고

㉠ 인터넷을 활용한 광고로 행사 홈페이지를 활용한 홍보활동과 배너광고, 검색광고 등이 있다. 전기통신기술의 발달과 새로운 인터넷 서비스 등장, 그리고 젊은층의 선호도에 따라 빠른 속도로 진화하고 있다. 다양한 형태와 쌍방향 커뮤니케이션, 시간과 공간 확장, 광고내용 변경의 용이성, 그리고 상대적으로 저렴한 비용으로 인터넷 광고가 확산되고 있다.

㉡ 배너광고 : 인터넷에서 가장 일반적이고 유용한 광고 중 하나로 웹사이트 광고주 사이트와 링크를 설정한 화면을 게시한다.

㉢ 검색광고 : 특정 단어를 검색창에 입력할 때 뜨는 광고이다.

㉣ 메일광고 : 메일 매거진(mail magazine)에 광고주 웹사이트를 게재한다.

㉤ 스플래시 스크린(splash screen) : 일반적으로 애플리케이션 로딩되기 전 일시적으로 나타나게 하는 광고이다.

㉥ 스폿 리싱(spot leasing) : 홈페이지 내 일부 공간을 임대해 사용한다.

㉦ URL(uniform resource locator) : 웹 페이지 위치를 나타내는 주소로 네트워크를 이용하는 곳은 어디든지 필요 정보와 자원 등 위치를 나타낼 수 있다.

㉧ 채팅 룸(chatting rooms) : 컴퓨터 통신망 안에서 사용자가 자유롭게 대화를 나누는 곳이다.

4 오프라인 마케팅과 온라인 마케팅을 시간, 비용, 공간, 형태 면에서 간략히 비교하여 설명하시오.

정답 ① 오프라인 마케팅의 경우, 시간의 제약조건이 있으며, 비용면에서 부담이 큰 반면, 공간적 측면에서 제약이 따른다. 전단지, 플랜카드 등의 형태로 활용될 수 있다.
② 온라인 마케팅의 경우, 시간 제약조건이 없으며, 비용의 부담이 오프라인 마케팅에 비해 적다. 공간의 제약 없이 홍보가 가능하며 포털광고, 바이럴마케팅의 형태로 활용될 수 있다.

TIP 오프라인 마케팅과 온라인 마케팅 비교

구분	오프라인 마케팅	온라인 마케팅
시간	제약조건이 있음	제약조건이 없음
비용	비용 부담이 큼	비용 부담이 적음
공간	홍보시 특정 영역에서만 효과	공간의 제약을 받지 않고 홍보 가능
형태	전단지, 플랜카드, 거리 이벤트	포털광고, 바이럴마케팅

5 행사비용을 절감할 수 있는 방안 3가지를 쓰시오.

정답 ① 홍보비용을 입소문 효과로 절감할 수 있다.
② 행사에 필요한 협력업체를 활용하여 비용을 절감할 수 있다.
③ 현물을 협찬받아서 예산을 절감할 수 있다.

1 리허설 평가회의 때 협의 또는 확정해야 하는 내용 6가지를 서술하시오.

정답 ① 행사 전체적 흐름과 부분 간의 조화 및 협업 확인
② 발생할 수 있는 사고 방지 대책 확인
③ 모든 출연자 참석 여부 및 역할 분담 확인
④ 개막식 참여 VIP 및 의전 확인
⑤ 계획서 일정 및 시간별 운영 가능 여부 확인
⑥ 사기 진작 및 성공 결의 다지기

2 벨롱기의 위기 대응방법 5가지를 쓰시오.

정답 ① 행사 취소
② 위험요소 제거
③ 위험요소 축소
④ 대안선택
⑤ 위험분산 및 이전

3 위기대응 전략 5가지를 쓰고 설명하시오.

> **정답** ① 부인전략 : 전략의 준비로는 사건이나 위기사항이 행사와 무관하다고 주장하거나 사고를 은폐한다.
> ② 책임회피 전략 : 위기상황을 벗어나기 위하여 도발, 불가피성, 사고, 좋은 의도 등으로 책임을 회피한다.
> ③ 사건의 공격성 축소 전략 : 비난은 인정하나 입지강화, 최소화, 차별화, 초월, 공격자 공격, 보상 등의 방법으로 사건의 심각성을 심각하게 인정하지 않는다.
> ④ 교정행위 : 위기상황에 대한 비난을 인정하고 차후 재발 방지 노력을 약속한다.
> ⑤ 사과 : 책임을 모두 인정하고 사과하며 나아가 피해보상에 대한 책임도 진다.

4 리허설 3단계를 차례대로 쓰고 설명하시오.

> **정답** ① 기술 리허설 : 영상, 조명, 음향 등 장비 설치를 끝낸 후 담당 엔지니어와 총감독이 이상 유무를 확인하는 것이다.
> ② 사전 리허설 : 기술 리허설 후 행사에 참여하는 스태프와 출연자, 엔지니어 등이 총감독과 동선 및 흐름을 맞춰보는 것이다.
> ③ 최종 리허설 : 실제 행사와 동일하게 진행하는 것이다.

5　리허설의 종류를 4가지 쓰고 각 특징에 대해 설명하시오.

정답　① 리딩 리허설(reading rehearsal) : 작가와 연출자가 참여대본을 읽어봄으로써 연출 의지를 출연진, 스태프에게 인지 시키는 것이다.

② 드레스 리허설(dress rehearsal) : 실제 본 공연이나 방송에서 사용되는 화장, 의상, 조명, 음향 등 모든 조건을 완 비하고 실제와 동일하게 실시하는 것이다.

③ 카메라 리허설(camera rehearsal) : 실제 촬영을 하듯이 카메라 위치, 동선에 따른 카메라 위치, 기술문제 등을 점검하는 것이다.

④ 런 스루 리허설(run through rehearsal) : 카메라를 작동하지 않은 상태에서 실제와 같이 마지막으로 진행하는 것이다.

1 행사기획 효과성 분석방법 6가지를 쓰시오.

정답 ① 다이렉트 효과
② 퍼블리시티 효과
③ 커뮤니케이션 효과
④ 인센티브 효과
⑤ 직접 파급효과
⑥ 간접 파급효과

TIP 행사기획 효과성 분석방법

㉠ 다이렉트 효과 : 행사 참여자 수, 참가기업 수, 면접자 수, 취업자 수 등은 효과 측정이 비교적 용이하다.

㉡ 퍼블리시티 효과 : 홍보매체를 통한 효과로 매스미디어의 노출빈도를 파악하여 측정 가능하다.

㉢ 커뮤니케이션 효과 : 행사 주최자의 지명도, 행사의 주제, 콘셉트를 분석한다.

㉣ 인센티브 효과 : 협업기관, 협력업체와의 관계 개선 및 직원 상호간의 결속 여부 등을 분석할 수 있다.

㉤ 직접 파급효과 : 행사를 인지하고 참여했던 사람들의 구전효과를 파악한다.

㉥ 간접 파급효과 : 정치, 경제, 지역 등 매우 복잡하고 다양한 영역에서 평가작업이 요구되는데 효과 측정이 매우 어렵다.

2 행사결과보고서 작성 시 보고서 내용에 포함해야 할 내용 7가지를 쓰시오.

정답 ① 종합보고
② 사진과 그래프
③ 홍보 성과
④ 행사 목적
⑤ 예산과 결산
⑥ 정량적 평가
⑦ 정성적 평가

TIP 행사결과보고서 내용

㉠ 종합보고(executive summary)를 작성한다.
- 행사보고서에는 전체 보고서 내용을 짧게 요약한 종합보고가 들어가야 한다.
- 행사결과에 관심을 갖는 사람들을 위한 '종합보고서'와 행사를 직접 계획하고, 진행하고, 후원한 사람들을 위한 '상세보고서' 등 두 가지 보고서를 작성한다.

㉡ 행사보고서에 사진과 그래프를 추가한다.

㉢ 홍보 성과를 정리한다.
- 목표한 만큼 행사가 얼마나 언론에 노출이 되었는지 확인한다.
- 종이광고나 기사에 후원사의 이름이나 광고가 얼마나 등장했는지 살펴보고 발행비용 및 광고비용의 대비 효과도 분석한다.

㉣ 행사목적 서술
- 행사의 목적을 결과와 함께 서술하는 것은 중요하다.
- 행사의 원래 목적과 어떤 목표를 세웠는지 기록하고 행사 프로그램에 관한 정보를 포함한다.

㉤ 예산과 결산
- 항상 기획된 예산과 실제비용, 예상수익과 실제수익을 비교한다.
- 계획과 결과를 비교한 후 효과적이었던 부분과 개선이 필요한 부분을 분석한다.

㉥ 정량적 평가(성과를 통계로 확인)
- 행사의 성공 여부는 가시적으로 얼마나 많은 사람이 행사장을 방문했으며 얼마나 많은 기업이 참여했고 취업자 수는 얼마인가 등등의 정량적 수치이다.
- 행사 참석 인원, 참여 구인업체 수, 현장 면접 인원수, 현장 채용 인원수, 추후 최종합격자 확인 후 그 숫자, 각 프로그램별 참여자 수 등등 성과를 통계로 확인할 수 있도록 최대한 세세하게 분석함으로써 보고서의 신뢰도를 높인다.

㉦ 정성적 평가(행사관계자 및 참여자 의견 기록)
- 보고서에는 통계수치뿐만 아니라, 사람들의 의견도 포함한다.
- 제3자의 보고서도 포함한다.
- 공간 활용 분석한다.

3 실행단계 분석 과정 중 기획서 평가 단계에서 평가해야 하는 내용 3가지를 기술하시오.

> **정답** ① 행사전략을 중심으로 핵심적 전달사항이 제시되었는가?
> ② 확실한 약속과 뒷받침이 있었는가?
> ③ 기획서가 이해하기 쉬웠는가?

4 행사 종료 후 정성적 평가를 반영하여 다음 행사를 개선하고자 한다. 행사결과보고서 작성시 반영해야 할 정성적 평가 3가지를 간략히 기술하시오.

> **정답** ① 참여자 의견
> ② 제3자 보고서
> ③ 공간 활용 분석 결과(공간배치도 포함한다)
>
> **TIP** 정성적 평가(행사관계자 및 참여자 의견 기록)
> ㉠ 보고서에는 사람들의 의견도 포함한다.
> ㉡ 제3자의 보고서도 포함한다.
> ㉢ 공간을 어떻게 활용했는지 분석한다.

직업상담서비스 협업체계 구축

학습 1 협업범위 정하기

1 직업상담 서비스 대상자가 증가하고 세분화됨에 따라서 직업상담 논점이 다양화되고 있다. 직업상담 서비스 대상자별 연계 가능한 협업기관을 1가지씩 제시하시오.

1) 청년

2) 진로단절여성

3) 장애인

4) 북한이탈주민

정답　1) 청년 : 고용복지플러스센터 등
　　　　2) 진로단절여성 : 여성새로일하기지원센터 등
　　　　3) 장애인 : 한국장애인고용공단 등
　　　　4) 북한이탈주민 : 통일부 하나센터 등

2 공공고용안정기관의 기능을 4가지 쓰시오.

정답 ① 직업상담
② 직업지도
③ 고용보험 적용 및 사업 집행
④ 국민취업지원제도 시행
⑤ 고용정보 수집 · 분석 · 체계화 · 가공 · 제공
⑥ 민간고용안정기관에 대한 지도 · 감독
※ 위 내용 중 4가지를 선택해서 작성한다.

3 협업수준은 협업에 참여하는 사람 관계의 집중도나 조직의 통합 수준에 따라 구분할 수 있다. 다음 빈칸에 알맞은 단어를 쓰시오.

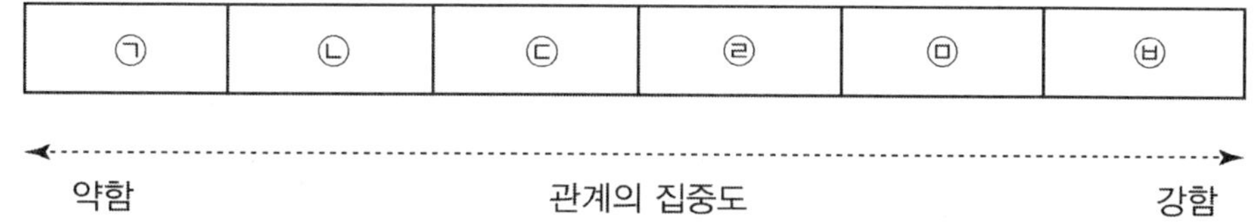

정답 ① ㉠ – 의사소통
② ㉡ – 협력
③ ㉢ – 조정
④ ㉣ – 협업
⑤ ㉤ – 융합
⑥ ㉥ – 통합

TIP 협업

고용안정기관 간의 다양한 사업활동의 과정에서 계획적으로 기관 간 존재하는 벽을 넘거나 기관 간 가지고 있는 인적 · 물적자산을 통합적으로 관리하여 성과달성에 상호 도움이 되는 것을 의미한다(collaboration, cooperation, work). 협업에 참여하는 사람관계의 집중도나 조직의 통합 수준에 따라 의사소통(communication), 협력 (cooperation), 조정(coordination), 협업(collaboration), 융합(convergence), 통합 (consolidation)으로 구분한다.

4 고용안정기관 간 협업을 시도할 때에 저항과 무관심으로 어려움을 겪기도 하는데, 성공적인 협업을 이루기 위한 협업의 요소를 4가지 제시하시오.

정답 ① 개별기관의 차별성 활용
② 협약의 중요성 인식
③ 협약기관의 독립성 인정
④ 적극적 노력
⑤ 정보의 공유
⑥ 커뮤니케이션 활성화
⑦ 협약의 시스템화
⑧ 신뢰
※ 위 내용 중 4가지를 선택해서 작성한다.

5 린덴(Linden, 2010)이 제시한 협업이 바람직하지 않은 상황에 대해서 3가지 서술하시오.

정답 ① 시간이 촉박할 때
② 해당과제를 담당해야 할 관리자에게 보다 중요한 일들이 산적해 있을 때
③ 협업대상이 과거 많은 갈등을 일으켰거나 신뢰가 높지 않을 때
④ 해당과제를 앞장서 추진하고자 하는 관리자가 충분한 관리역량을 갖추지 못한 경우
⑤ 협업의 비용(costs)이 편익(benefits)을 초과할 때
⑥ 해당과제의 추진을 통해 혜택을 입을 고객들이 막상 그 과제에 큰 관심이 없을 때
⑦ 시기가 적절하지 않을 때
※ 위 내용 중 3가지를 선택해서 작성한다.

학습 2 협업체계 구축하기

1　직업상담서비스 기관의 협업 필요성을 3가지 서술하시오.

정답　① 직업상담 서비스 경쟁력 제고를 위해 필요하다.
　　② 직업상담 서비스 프로그램 개발과 개발역량 제고를 위해 필요하다.
　　③ 직업상담 서비스 기관 간 경쟁우위 확보를 위해 필요하다.

TIP　협업의 필요성(이유)
㉠ 직업상담 서비스 경쟁력 제고 필요
㉡ 직업상담 서비스 프로그램 개발과 개발역량 제고
㉢ 직업상담 서비스 기관 간 경쟁우위 확보
㉣ 기관 간 핵심역량 최대 활용
㉤ 협업기관의 인력, 기술을 활용 비용절감

2 직업상담 서비스를 위한 네트워크 구축 방법을 4가지 제시하시오.

정답 ① 취업박람회
② 세미나
③ 컨퍼런스
④ 포럼

TIP 네트워크 구축 방법

㉠ **취업박람회** : 구인기업과 구직자가 현장에서 회사 홍보와 면접을 통해 채용 결정이 이루어지거나 취업지원 제도, 훈련기관 등 취업과 관련된 정보를 제공하기 위하여 여는 전람회로 중앙정부와 지방정부, 대학 등이 주최가 되어 개최하며 지역별, 직종별, 대상별로 구분하여 시행하기도 한다.

㉡ **세미나(seminar)** : 진로, 취업, 직업상담 등의 주제에 대하여 관심 있는 사람들이 모여 연구발표나 토론을 통해 같이 연구하는 것으로 주로 교육을 목적으로 한다. 컨퍼런스나 포럼과의 차이점은 컨퍼런스나 포럼은 보다 전문적 지식을 갖춘 사람들이나 주제에 관심이 매우 많은 사람들이 하는 것이다.

㉢ **컨퍼런스(conference)** : 진로, 취업, 직업상담 등의 주제나 이슈에 관해서 사람들을 모아 협의하는 회의로 이벤트, 전시 등을 동반한다.

㉣ **포럼(forum)** : 진로, 취업, 직업상담 등의 주제 등을 가지고 사람들이 모여서 자유롭게 의견을 나누고 공유하는 집단공개토의이다.

㉤ **워크숍(workshop)** : 참가자가 자율적이며 주도적으로 특정 주제를 가지고 운영하고 활동하는 연구 모임이다.

㉥ **전문가 커뮤니티** : 일정한 지역이나 공간에서 직업상담 서비스에 대한 공통의 가치와 유사한 정체성을 가진 전문가 집단을 말한다.

3 인적자원 네트워크의 형태는 개인과 개인, 개인과 기관, 기관과 기관 사이의 상호작용 방식과 수준 등에 따라 다양하다. 인적자원 네트워크의 형태를 4가지 제시하고 각 의미를 간략히 서술하시오.

정답
① 사회적 대화 : 기업 수준에서부터 국가 수준에 이르기까지 나타나는 노·사·정 이해관계자들의 공식·비공식의 접촉이다.
② 사회적 자문 : 국가 수준에서 이루어지는 노·사·정 간의 상호 의견교환이다.
③ 사회적 협의 : 사회 경제정책 결정 과정에 대한 노사의 참여를 말한다.
④ 사회적 합의주의 : 노·사·정 간의 대화와 정치적 교섭을 통해 사회·경제 정책과 관련된 제 문제를 해결하는 대의적 이익대표체계(representation interest inter-mediation)로 정의한다.

4 네트워킹은 정보를 교환하고 조언과 도움을 주고받는 커뮤니케이션 방법으로 '공식적 네트워크'와 '비공식적 네트워크'가 있다. 이를 비교하여 각 특징을 2가지 서술하시오.

정답
① 공식적 네트워크는 인위적(의도적) 조직에서 나타나는 것에 반해 비공식적 네트워크는 자연발생적 조직에서 나타난다.
② 공식적 네트워크는 수직관계 지향하는 것에 반해 비공식적 네트워크는 수평관계를 지향한다.

TIP 공식적 네트워크 vs 비공식적 네트워크

공식적 네트워크	비공식적 네트워크
• 인위적(의도적) 조직	• 자연발생적 조직
• 수직관계 지향	• 수평관계 지향
• 능률(이윤) 추구	• 인간의 감정 추구
• 전체적 질서 촉구	• 부분적 질서 추구
• 공적 성격의 목적 추구	• 사적 성격의 목적 추구
• 권위적 의사결정	• 개인적 요구, 동기 중시
• 기업, 공공기관 등	• 동아리, 사적모임 등

5 공동의 목표달성을 위하여 상호 협력하기 위해 원만한 대인관계가 요구된다. 성공적 네트워킹을 위한 대인관계 기술을 3가지 제시하시오.

정답 ① 리더십
② 팀워크
③ 협상

TIP 성공적 네트워킹을 위한 대인관계 기술

㉠ **리더십**: 리더십은 공동목표 달성을 위해 개인이 조직원들에게 영향을 미치는 과정이다. 조직 내에서 또는 조직 간 협업을 해나갈 때 누군가는 리더의 역할을 하게 되고 역할에 따라 협업의 성패도 결정된다.

㉡ **팀워크**: 팀 구성원이 공동의 목표를 달성하기 위하여 상호관계성을 가지고 협력하여 업무를 수행하는 것이다. 단순히 분위기만 좋으며 잘 모이는 것은 응집력이 좋은 것이지 팀워크는 아니다. 팀워크는 목표달성의 의지를 가지고 성과를 내는 것이다. 협업에서 조직 내, 조직 간 팀워크는 성과달성에 중요한 요소 중 하나이다.

㉢ **협상**: 조직 내, 조직 간 협업을 진행하다 보면 수많은 갈등요인이 발생한다. 갈등상태에서 이해 당사자들이 대화와 논쟁을 통해 서로를 설득하여 문제를 해결하는 과정에서 협상 능력은 협업의 성공 여부를 결정짓는다.

1   정식계약 체결에 앞서 당사자 간의 약속을 문서화한 일종의 협약서를 작성하게 된다. 이때 포함해야 할 구성항목을 5가지 제시하시오.

정답 ① MOU 체결목적
② 협약내용
③ 역할분담
④ MOU 기간
⑤ 성실의무

TIP MOU 구성항목

㉠ **MOU 체결목적** : 양 기관이 현재 논의하고 있는 사업 및 MOU 체결의 취지 등에 대해 포괄적으로 기재를 한다. 목적에 대하여 장황하지 않고 간결하면서도 명료하게 작성한다.

㉡ **협약내용** : 현재까지 합의된 내용을 기재한다.

㉢ **역할분담** : 양 기관이 협력의 극대화를 위하여 업무내용을 파악하고 서로의 역할분담을 명확 히 한다.

㉣ **MOU 기간** : 본 MOU 적용기간은 체결일로부터 ( )년으로 한다. 협약기간의 만료일 ( )개월 이전 특별한 사유가 없을 경우 자동 연장된다.

㉤ **성실의무** : '갑'과 '을'은 본 계약체결 시까지 신의성실의 원칙에 따라 협상에 임하겠다는 내용을 기재한다.

㉥ **비밀유지** : MOU 체결 사실 및 그 내용에 대해 다른 사업자에게 비밀로 유지할 필요가 있을 때, 또는 협약 중에 알게 된 정보에 대하여 비밀유지 의무 조항을 둔다.

2 공공직업안정기관과 민간직업안정기관의 협업체계가 더욱더 강화되고 있다. 공공직업안정기관과 민간직업안정기관의 협업이 증가하는 이유를 4가지 서술하시오.

정답 ① 4차산업혁명에 따른 지식과 기술에 대한 빠른 수요변화와 노동공급이 변화하였다.
② 이직과 전직의 수요 발생 및 직업안정서비스 범위 확대, 접근이 용이한 환경 조성 요구가 증가하였다.
③ 다기능을 소유한 전문가, 기술자 수요 증가, 서비스 근로자 증가에 따른 직업안정망 구축이 필요하다.
④ 진로단절 여성의 복귀, 평균수명 연장에 따른 신중년 인생 2모작, 이전직 증가, 재교육 및 훈련 필요성 증대 등 특별한 직업안정 서비스의 제공이 필요하다.

TIP 공공직업안정기관과 민간직업안정기관의 협업이 증가하는 이유
㉠ 4차 산업혁명은 지식과 기술에 대한 수요변화가 빨라졌으며 노동공급의 변화와 직업안정체계의 개편을 요구한다.
㉡ 정보통신 기술의 발전에 따른 산업간, 지역간 노동이동을 활발하게 하면서 이직과 전직의 수요가 빈번하게 발생하였으며 직업안정서비스 범위 확대, 접근이 용이한 환경 조성을 요구한다.
㉢ 다기능을 소유한 전문가, 기술자 수요 증가, 서비스 근로자 증가에 따른 직업안정망 구축이 필요하다.
㉣ 진로단절 여성의 복귀, 평균수명 연장에 따른 신중년 인생 2모작, 이전직 증가, 재교육 및 훈련 필요성 증대 등 한 특별한 직업안정 서비스의 제공이 필요한 한 편, 실업급여, 구직지원, 교육 및 훈련 기회 제공, 고용 창출 및 근로경험 제공 사업, 셀프서비스를 이용하여 고용정보를 사용할 수 있는 사업 제공 등 직업안정 기관이 담당해야 할 역할의 범위 또한 계속 확대되고 있다.

3 합리적인 협업, 성공적 협업을 달성하기 위해서는 협업과정 중에 야기되는 문제점들을 해결해야만 한다. 협업의 저해요인을 5가지 쓰시오.

정답 ① 협약기관 간의 인식 부족
② 리더십의 부재
③ 예산의 한계
④ 의사결정 시스템의 부재
⑤ 장기간 협업에 따른 지속성 결여

TIP 협업의 저해요인

㉠ MOU 체결 후 진행되는 과정에서 협업의 결과에 다양한 요인이 영향을 미친다. 이러한 영향요인은 환경에 의한 외부적 요인도 있으며, 구조적 요소나 심리적 요소와 같은 내부적 요인도 존재한다. 합리적인 협업, 성공적 협업을 달성하기 위해서는 협업과정 중에 야기되는 문제점들을 해결해야만 한다.

㉡ 협약기관 간의 인식 부족 : 협업의 시너지 효과에 대한 의구심, 상대기관에 대한 불신 및 조직에 대한 인식 부족, 협업 수행을 위한 시간 부족, 조직 간 서로 다른 목적의 존재 등이 성공적 협업을 저해한다.

㉢ 리더십의 부재 : 협업기관장 또는 부서장의 협력적 리더십의 부재가 성공적 협업을 저해한다.

㉣ 예산의 한계 : 협력정책에 대한 재정지원이 부족할 때 성공적 협업을 저해한다.

㉤ 의사결정 시스템의 부재 : 조직문화의 상이성과 의사결정 과정이 체계적이지 못한 점이 성공적 협업을 저해한다.

㉥ 장기간 협업에 따른 지속성 결여 : 장기간 협업에 따라 기관장 및 담당자의 교체로 인한 시스템 붕괴와 느슨해진 마음 등이 성공적 협업을 저해한다.

1 평가보고서는 MOU 체결을 시작해서 끝마칠 때까지 협업한 내용을 분석하고 그 결과를 작성한 문서이다. 평가보고서 작성 시 고려해야 할 기본요건을 5가지 쓰시오.

정답 ① 논리성
② 주관성
③ 정확성
④ 일관성
⑤ 가독성

TIP 평가보고서 기본요건

㉠ **논리성** : 협업의 전 과정을 분석하되 논리적이고 체계적으로 작성해야 한다.

㉡ **주관성** : 평가보고서는 논문이 아니다. 모든 독자를 위해 쓰는 것이 아니라 내부 보고와 지속적인 협업을 이어가기 위한 참고자료로 작성하게 된다. 작성하는 기관의 입장에서 객관적 자료를 토대로 작성한다.

㉢ **정확성** : 각종 자료의 정보, 즉 인명이나 기관명, 출처, 통계자료 등의 정확성은 평가보고서의 필수요건이다.

㉣ **일관성** : 사용하는 용어, 체제, 관점, 서술방식, 숫자표현 방법 등이 일관성을 유지해야 한다.

㉤ **가독성** : 내용을 쉽게 쓰라는 것이 아니라 같은 내용이라도 상사나 동료들이 이해하기 쉽도록 표현한다.

2 협업체계 운영 평가를 위한 평가방법 3가지를 쓰시오.

정답 ① 노력 여부, 효율성과 효과에 대한 평가
② 과업분석
③ Time cost study

TIP 협업체계 운영 평가방법

㉠ 노력 여부, 효율성과 효과에 대한 평가
- 협업에 대한 노력
- 협업의 효율성
- 협업의 효과성

㉡ 과업분석 : 주로 담당자가 수행하고 있는 과업을 분석해서 어느 과업에 집중할 것인가 분석하는 일이다.

㉢ Time cost study : 모든 직원들이 하는 일을 시간과 비용으로 환산해 보는 방법으로 가용자원을 최대한 확보하여 일의 생산성과 효율성을 높이는 목적으로 하는 방법이다.

학습 1 직업정보 수집 계획하기

1   앤드류스가 제시한 직업정보의 효용에 대해 4가지를 쓰고 각각에 대해 설명하시오.

정답 ① 형태효용(form utility) : 정보의 형태가 의사결정자의 요구사항에 보다 더 근접하게 맞추어짐에 따라 정보의 가치는 증가한다.
② 시간효용(time utility) : 필요할 때 필요한 정보를 사용할 수 있다면 정보는 의사결정자에게 보다 더 큰 가치를 준다.
③ 장소효용(place utility) : 정보에 쉽게 접근하거나 이를 쉽게 전달할 수 있다면 정보는 보다 큰 가치를 갖게 된다.
④ 소유효용(possession utility) : 정보소유자는 타인에게로의 정보전달을 통제함으로써 그 가치에 크게 영향을 준다.

2 직업정보의 사용 목적에 대해 3가지 쓰시오.

정답 ① 직업에 대하여 흥미 유발, 토론 자료 제공, 태도 변화, 더 나은 조사를 하도록 동기부여
② 전에 알지 못했던 직업에 대한 인식
③ 직무를 수행하는 기업이나 공장 등의 유형에 대한 지식 확대

TIP 직업정보의 사용 목적

㉠ 직업에 대하여 흥미 유발, 토론 자료 제공, 태도 변화, 더 나은 조사를 하도록 동기부여를 해준다.
㉡ 전에 알지 못했던 직업에 대한 인식하게 한다.
㉢ 직무를 수행하는 기업이나 공장 등의 유형에 대한 지식 확대해 준다.
㉣ 직업생활, 가족, 오락, 일의 전과 후의 다른 활동을 기술·묘사함으로써 한 직업에서 더 좋은 근로자의 생활 형태를 비교하게 한다.
㉤ 학력 취득자, 자격 취득자, 중도 탈락자 등이 직업생활을 인식함으로써 갖는 역할 모형을 제공한다.
㉥ 미래와 현재 그리고 자신의 생애설계를 하도록 돕는 직업에 대한 지식을 확대해 준다.

3 한국표준산업분류의 생산단위가 수행하고 있는 산업활동 분류기준 3가지 설명하시오.

정답　① 산출물[생산된 재화 또는 제공된 서비스]의 특성
　　　② 투입물의 특성
　　　③ 생산활동의 일반적인 결합형태

TIP　한국표준산업분류의 분류기준

㉠ 산출물[생산된 재화 또는 제공된 서비스]의 특성
• 산출물의 물리적 구성 및 가공단계
• 산출물의 수요처
• 산출물의 기능
㉡ 투입물의 특성 : 원재료, 생산공정, 생산기술 및 시설 등
㉢ 생산활동의 일반적인 결합형태

4 한국표준직업분류의 생산단위 활동형태의 주된 산업활동, 부차적 산업활동, 보조 산업활동을 쓰고 설명하시오.

정답　① 주된 산업활동 : 원재료 또는 노동을 투입함에 따라 재화 또는 서비스를 제공 등의 일련의 활동과 정 중 부가가치가 가장 큰 것을 말한다.
　　　② 부차적 산업활동 : 주된 산업활동 이외에 재화 또는 서비스 제공의 활동을 말한다.
　　　③ 보조적 산업활동 : 주된 산업활동과 부차적 산업활동을 지원하는 활동을 의미하며 판매, 운송, 수리, 서비스 제공 등의 활동을 의미한다. 생산단위 산업활동을 효율적으로 하기 위해서는 보조적인 산업활동이 필요하다.

5 한국표준직업분류에서 직업분류 원칙 2가지를 설명하시오.

정답 ① 포괄성의 원칙 : 우리나라에 존재하는 모든 직무는 어떤 수준에서든지 분류에 포괄되어야 한다.
② 배타성의 원칙 : 모든 동일 직무는 동일한 하나의 직업으로 분류해야 한다.

TIP 한국표준산업분류의 분류기준

㉠ 포괄성의 원칙 : 우리나라에 존재하는 모든 직무는 어떤 수준에서든지 분류에 포괄되어야 한다. 특정 직무
가 누락되어 분류가 불가능할 경우에는 포괄성의 원칙을 위배한 것으로 볼 수 있다.
㉡ 배타성의 원칙 : 모든 동일 직무는 동일한 하나의 직업으로 분류해야 한다. 하나의 직무가 동일한 직업단
위 수준에 2개 혹은 그 이상의 직업으로 분류될 수 있다면 배타성의 원칙을 위배한 것으로 볼 수 있다.

6 한국표준직업분류에서 직업으로 볼 수 없는 경우를 6가지 쓰시오.

정답 ① 이자, 주식 배당에 의한 수입이 있는 경우
② 사회복지시설 내의 수형자의 활동에 의한 경우
③ 수형자의 강제노동에 의한 활동의 경우
④ 가정 내의 가사활동에만 전념하는 경우
⑤ 사기, 강도 등 불법적인 활동에 의한 경우
⑥ 연금 등 사회보장 수입에 의한 경우

7 특성－요인의 이론에서 브레이필드(Brayfield)가 제시한 직업정보의 기능을 3가지 쓰고, 각각에 대해 설명하시오.

정답 ① 정보적 기능 : 직업정보를 통해 내담자의 의사결정을 돕고, 직업선택에 관한 지식을 증가시킨다.
② 재조정 기능 : 자신의 선택이 현실에 비추어 부적절한 선택이었는지를 점검 및 재조정하도록 한다.
③ 동기화 기능 : 내담자를 의사결정 과정에 적극적으로 참여시킴으로써 자신의 선택에 대하 책임감을 갖도록 한다.

8 직업선택 결정모형의 분류 중 기술적 직업결정모형에 대해 4가지 쓰시오.

정답 ① 타이드만과 오하라의 모형
② 힐튼의 모형
③ 브룸의 모형
④ 슈의 모형

2025년

1 한국직업사전의 구성항목 5가지를 쓰시오.

정답 ① 직업코드명
② 본직업명
③ 직무개요
④ 수행직무
⑤ 부가직업정보

TIP 한국직업사전 구성 항목

㉠ 직업코드명
㉡ 본직업명
㉢ 직무개요
㉣ 수행직무
㉤ 부가직업정보 : 정규교육, 숙련기간, 직무기능, 작업강도, 육체활동, 작업장소, 작업환경

2 노동수요 결정요인에 대해 4가지 쓰시오.

정답 ① 노동의 가격
② 다른 생산요소의 가격
③ 상품에 대한 소비자 수요의 크기
④ 노동생산성의 차이
⑤ 생산기술방식의 변화
※ 위 내용 중 4가지를 선택해서 작성한다.

3 국민내일배움카드 지원 제외 대상 4가지를 쓰시오.

정답 ① 현직 공무원
② 사립학교 교직원
③ 75세 이상인 자
④ 대규모 기업 근로자로서, 월 임금 300만 원 이상이고, 만 45세 미만인 자
⑤ 월 소득 500만 원 이상의 특수형태근로종사자
⑥ 사업기간이 1년 미만이거나 월 소득이 300만 원 이상인 법인대표
⑦ 사업기간이 1년 미만이거나 연 매출 4억 이상의 자영업자
⑧ 월 소득이 300만 원 이상인 비영리단체 대표
⑨ 졸업까지 남은 수업연한이 2년 이상인 대학/대학원 재학생
⑩ 고등학교 1 ~ 2학년 또는 졸업예정학년이 아닌 고등학교 재학생
※ 위 내용 중 4가지를 선택해서 작성한다.

4 실업급여의 취업촉진수당 4가지를 쓰시오.

정답 ① 조기 재취업수당
② 직업능력개발 수당
③ 광역 구직활동비
④ 이주비

TIP 실업급여
㉠ 실업급여는 구직급여와 취업촉진수당으로 구분한다.
㉡ **취업촉진수당** : 조기 재취업수당, 직업능력개발 수당, 광역 구직활동비, 이주비가 있다.

5 직업훈련의 실시목적에 따른 분류 3가지를 쓰고 설명하시오.

정답 ① 양성훈련 : 근로자에게 직업에 필요한 기초적 직무수행능력을 습득시키기 위하여 실시하는 직업능력개발훈련이다.
② 향상훈련 : 양성훈련을 받은 사람이나 직업에 필요한 기초적 직무수행능력을 가지고 있는 사람에게 더 높은 직무수행능력을 습득시키기 위하여 실시하는 직업능력개발훈련이다.
③ 전직훈련 : 근로자가 종전의 직업과 유사하거나 새로운 직업에 필요한 직무수행능력을 습득시키기 위하여 실시하는 직업능력개발훈련이다.

6 직업정보 수집방법 4가지를 쓰시오.

정답 ① 구입에 의한 방법
② 기증에 의한 방법
③ 통신에 의한 공개 비공개 자료수집 방법
④ 상담에 의한 방법
⑤ 조사에 의한 방법
⑥ 현장방문 또는 체험에 의한 방법
※ 위 내용 중 4가지를 선택해서 작성한다.

7 직업정보 수집 시 유의점 4가지를 쓰시오.

정답 ① 명확한 목표를 세운다.
② 직업정보는 계획적으로 수집하여야 한다.
③ 자료의 출처와 수집일자를 반드시 기록한다.
④ 항상 최신의 자료인가 확인하여야 한다.
⑤ 직업정보 수집에 필요한 도구를 사용한다.
※ 위 내용 중 4가지를 선택해서 작성한다.

1　직업정보 수집 단계에서의 점검기준 4가지 쓰시오.

> **정답**　① 최신성과 신뢰성
> ② 명료성과 신속성
> ③ 편리성과 윤리성
> ④ 비용

2　수집된 직업정보를 활용하게 될 때 상담자가 내담자 입장에서 점검 기준 4가지 쓰시오.

> **정답**　① 내담자에게 전달할 가장 중요한 메시지는 무엇인가? 활용 가치는 무엇인가?
> ② 내담자는 제공받은 정보를 어떻게 사용할 것으로 기대되는가?
> ③ 내담자가 정보를 이해하는 데 얼마만큼의 시간이 필요한가?
> ④ 내담자가 이해하기 용이한 핵심적인 요점을 표현하는 것이 가능할 것인가?

TIP　내담자 입장에서 점검 기준

㉠ 내담자에게 전달할 가장 중요한 메시지는 무엇인가? 활용 가치는 무엇인가?

㉡ 내담자는 제공받은 정보를 어떻게 사용할 것으로 기대되는가?

㉢ 내담자가 정보를 이해하는 데 얼마만큼의 시간이 필요한가?

㉣ 내담자가 이해하기 용이한 핵심적인 요점을 표현하는 것이 가능할 것인가?

㉤ 내담자가 이 주제에 대한 다른 견해를 요청할 수 있는가?

㉥ 다른 이해관계자들은 이슈에 대해 어떤 관점을 가지고 있는가?

㉦ 내담자에게 자료를 체계적으로 정리하여 보여주기 위한 기법들과 부합되는가?

- 내담자의 의사결정 형태에 따라 직업정보 제공 내용도 달라져야 한다.
- 내담자의 세대별, 학력별, 성별, 직업 경험 등으로 인하여 정보의 질과 내용이 달라져야 하므로 이를 점검 시에 고려한다.
- 내담자의 의사결정을 올바르게 하기 위한 정보로서의 역할에 너무 집착한 나머지 상담자의 편견이 작용할 가능성이 높다.

3 내담자의 직업정보 요구도 부합 여부 점검 시 유의점 3가지를 설명하시오.

정답 ① 상담자는 내담자의 직업정보 요구도에 따라 정확한 정보가 없을 시에 인터넷이나 우연한 정보를 제시하는 경우가 있는지 확인해야 한다.

② 직업정보는 수시로 변하기 때문에 점검 시점에서 가장 정확한 최신의 정보인지 확인이 필요하다.

③ 직업정보 수집은 분석해서 가공하고 체계화하여 제공하는 전 과정에 시발점이므로 왜곡된 정보를 수집할 경우에 그 결과가 매우 잘못될 수 있다.

12 직업정보 제공

1 직업정보의 역할에 대해 4가지 쓰시오.

정답 ① 구직자의 직업탐색, 직업결정, 직업전환 등의 의사결정의 대안으로서의 역할을 한다.
② 직업상담 시 상담의 기초자료로서 직업대안들의 정보를 제공한다.
③ 직무, 노동시장의 수요, 직업 관련 조사 연구의 기초자료로서의 역할을 한다.
④ 내담자로 하여금 자신의 선택을 점검하고 재조정해 볼 수 있도록 한다.

2025년

2 브레이필드(Brayfield)가 제시한 직업정보의 기능에 대해 3가지 설명하시오.

정답 ① 정보제공 기능 : 진로 미결정 내담자로 하여금 적절한 선택이 이루어지도록 하며, 진로선택에 대한 내담자의 지식을 증가시키는 기능이다.
② 재조정 기능 : 진로 결정 내담자로 하여금 현실 상황에 비추어 자신의 진로선택이 적절했는지를 재조정해 보는 기능이다.
③ 동기화 기능 : 동기부족 내담자로 하여금 직업정보 제공 과정을 통해 의사결정에 자발적이고, 몰입하게 하는 기능이다.

3 직업정보의 성격에 따른 분류 중 미시적 정보에 대해 설명하시오.

정답 ① 정보가 개별적이고 구체적이므로 보통 개별사업에 국한된다.
② 구인업체, 구직자 등에 관한 사항이 포함된다.
③ 정보로서의 기한이 짧고, 그 범위가 제한적이다.
④ 예 : 구인 및 구직정보, 자격정보, 훈련정보, 임금정보, 취업박람회 등

TIP 거시적 정보

㉠ 정책 및 법률의 입안으로 연결되는 정보로서, 보통 포괄적인 산업을 확장된다.
㉡ 노동시장의 흐름에 관한 동향정보를 비롯하여 각종 시계열 자료 및 전망자료 등이 포함된다.
㉢ 정보로서의 기한이 길며, 그 범위가 포괄적이다.
㉣ 예 : 노동시장 동향, 산업별 · 직종별 인력 수급 현황, 지역별 · 직종별 실업률, 미래 직업별 고용전망 등

4 민간직업정보의 특징에 대해 3가지 쓰시오.

정답　① 필요한 시기에 최대한 활용되도록 <u>한시적으로 신속하게</u> 생산되어 운영된다.
　② 노동시장 환경, 취업상황, 기업의 채용환경 등을 반영한 직업정보가 상대적으로 <u>단기간에 조사되어 집중적으로 제공</u>된다.
　③ <u>특정한 목적에 맞게 해당 분야 및 직종이 제한적</u>으로 선택된다.

TIP　민간직업정보

㉠ 필요한 시기에 최대한 활용되도록 한시적으로 신속하게 생산되어 운영된다.
㉡ 노동시장 환경, 취업상황, 기업의 채용환경 등을 반영한 직업정보가 상대적으로 단기간에 조사되어 집중적으로 제공된다.
㉢ 특정한 목적에 맞게 해당 분야 및 직종이 제한적으로 선택된다.
㉣ 정보생산자의 임의적 기준 또는 시사적인 관점이나 흥미를 유도할 수 있도록 해당 직업을 분류한다.
㉤ 정보 자체의 효과가 큰 반면, 부가적인 파급효과는 적다.
㉥ 객관적이고 공통적인 기준에 따라 분류되지 않았기 때문에 다른 직업정보와의 비교가 적고 활용성이 낮다.
㉦ 민간 특정 직업에 대해 구체적이고 상세한 정보를 제공하기 위해서는 조사·분석 및 정리와 제공에 상당한 시간 및 비용이 소요되므로 해당 직업정보는 유료로 제공된다.

5 공공직업정보의 특징에 대해 3가지 쓰시오.

정답 ① 정부 및 공공단체와 같은 비영리기관에서 <u>공익적 목적으로</u> 생산 · 제공된다.
② 특정한 시기에 국한되지 않고 <u>지속적으로 조사 · 분석하여</u> 제공되며, 장기적인 계획 및 목표에 따라 정보체계의 개선작업 수행이 가능하다.
③ 특정분야 및 대상에 국한되지 않고 <u>전체 산업 및 업종에 걸친 직종(업)을</u> 대상으로 한다.

TIP 공공직업정보의 특징
㉠ 정부 및 공공단체와 같은 비영리기관에서 공익적 목적으로 생산 · 제공된다.
㉡ 특정한 시기에 국한되지 않고 지속적으로 조사 · 분석하여 제공되며, 장기적인 계획 및 목표에 따라 정보체계의 개선작업 수행이 가능하다.
㉢ 특정분야 및 대상에 국한되지 않고 전체 산업 및 업종에 걸친 직종(업)을 대상으로 한다.
㉣ 국내 또는 국제적으로 인정되는 객관적인 기준(국제표준직업분류 및 한국표준직업분류 등)에 근거한 직업분류이다.
㉤ 직업별로 특정한 정보만을 강조하지 않고 보편적인 항목으로 이루어진 기초적인 직업정보체계로 구성된다.
㉥ 관련 직업정보 간의 비교 · 활용이 용이하고, 공식적인 노동시장 통계 등 관련 정보와 결합하여 제반 정책 및 취업 알선과 같은 공공목적 사용이 가능하다.
㉦ 광범위한 이용 가능성에 따라 공공직업정보체계에 대한 직접적이며 객관적인 평가가 가능하다.
㉧ 정부 및 공공기관 주도로 생산 · 운영되므로 무료로 제공된다

6 직업정보 수집과정에 대해 순서대로 쓰시오.

정답 ① 직업분류 제시하기
② 대안 만들기
③ 목록 줄이기
④ 직업정보 수집하기

1　Hopock이 제시한 직업정보의 일반적인 평가기준에 대해 3가지 쓰시오.

정답　① 언제 만들어진 것인가?
② 어느 곳을 대상으로 한 것인가?
③ 누가 만든 것인가?

TIP　직업정보의 일반적인 평가기준

㉠ 언제 만들어진 것인가?
㉡ 어느 곳을 대상으로 한 것인가?
㉢ 누가 만든 것인가?
㉣ 어떤 목적으로 만든 것인가?
㉤ 자료를 어떤 방식으로 수집하고 제시했는가?

2　앤드류스(Andrus)가 제시한 정보의 효용 4가지를 쓰고 각각 설명하시오.

정답　① **형태효용** : 정보의 형태가 의사결정자의 요구사항에 보다 더 근접하게 맞추어짐에 따라 정보의 가치는 증가한다.
② **시간효용** : 필요할 때 필요한 정보를 사용할 수 있다면 정보는 의사결정자에게 보다 더 큰 가치를 준다.
③ **장소효용** : 정보에 쉽게 접근할 수 있거나 전달할 수 있다면 정보는 보다 큰 가치를 가지며, 온라인시스템은 시간과 장소효용 모두를 극대화한다.
④ **소유효용** : 정보소유자는 타인에게로의 정보전달을 통제함으로써 그것의 가치에 크게 영향을 준다.

3 정보인지의 오류에서 발생하는 인지편향 4가지를 쓰시오.

정답 ① 증거편향(증거 평가의 편향)
　　　② 인과관계 인식의 편향
　　　③ 확률추정의 편향
　　　④ 사후편향

TIP 인지편향

㉠ **증거편향(증거 평가의 편향)** : 생생하고 구체적이며 개인적인 정보는 추상적인 정보보다 더 많은 영향을 준다.

㉡ **인과관계 인식의 편향** : 사람들은 내적 요인의 역할을 과대평가하는 반면, 외적 요인의 역할을 과소평가한다.

㉢ **확률추정의 편향** : 사람들은 가용성의 법칙에 따라 빈번히 일어나는 사건, 보다 상상하기 쉬운 것을 높이 평가한다.

㉣ **사후편향** : 사람들은 통상적으로 자신의 과거 판단을 과대평가하는데, 이는 후견지명으로 사건의 예측 가능성을 높이 평가하는 것이다.

1　직업정보 환류를 위한 분석적 측면의 검토항목 4가지 쓰시오.

정답　① 다각적 시각
　　　② 전문적 시각
　　　③ 분석과 해석
　　　④ 직업정보원과 제공원

TIP 직업정보 분석적 측면의 환류를 위한 검토사항

㉠ **다각적 시각** : 동일한 직업정보라 할지라도 다각적인 분석을 시도하여 해석을 풍부히 했는지 확인해야 한다.
㉡ **전문적 시각** : 전문적 시각에서 분석·가공하여 정보 본래의 가치에 충실했는지 확인해야 한다.
㉢ **분석과 해석** : 정보생산자가 의도한 정보생산 목적에 부합한 분석과 해석이어야 한다.
㉣ **직업정보원과 제공원** : 이용자가 분석된 자료에서 2차적인 정보를 얻기 원할 경우가 있으므로 직업정보원
　과 제공원을 분명히 밝혀야 한다.

2　직업정보 가설과 검증의 환류를 위한 상담자가 검토해야 할 사항 4가지 쓰시오.

정답　① 교육
　　　② 면접 결과 확인
　　　③ 가설 수립
　　　④ 내담자와 직업정보의 적합성

TIP 인지편향

㉠ **교육** : 상담자는 내담자의 직업정보 취향에 대한 분석 결과를 직업정보시스템에 환류함으로써 다른 상담자
　와 그 내용을 공유한다.
㉡ **면접 결과 확인** : 상담자는 면접 결과지를 분석하여 그 결과를 환류함으로써 면담지를 수정·보완한다.
㉢ **가설 수립** : 상담자는 가설 설정에서 나타난 오류를 직업정보시스템에 환류함으로써 그와 유사한 사례에
　대해 의사결정 개입을 한다.
㉣ **내담자와 직업정보의 적합성** : 상담자는 내담자의 특성별 직업정보의 형태와 내용의 적합성에 대하여 직업
　정보시스템에 환류한다.

3 직업정보 환류를 위한 가공적 측면의 검토사항 4가지 쓰시오.

정답 ① 이용자의 수준
② 직업에 대한 장·단점을 편견없이 제공
③ 현황은 가장 최신의 자료를 활용하되, 표준화된 정보활용
④ 객관성을 잃은 정보, 문장 어투

TIP 직업정보가공적 측면의 환류를 위한 검토사항

㉠ **이용자의 수준** : 이용자가 이해할 수 있는 언어로 가공하여 가독성을 높여서 제공되었는지 평가결과를 확인하고 환류한다.

㉡ **직업에 대한 장·단점을 편견없이 제공** : 직업정보 가공 시에 객관적 자료에 의한 장·단점을 제시하여야 의사결정을 하는 데 도움을 줄 수 있다.

㉢ **현황은 가장 최신의 자료를 활용하되, 표준화된 정보활용** : 직업정보의 생명은 가장 최신의 것이라야 한다.

㉣ **객관성을 잃은 정보, 문장 어투** : 직업정보 제공 시에는 가능한 한 객관적인 언어나 메시지로 전달되었는지를 평가하고 그 결과를 환류한다.

㉤ **시청각의 효과** : 직업정보는 전문성으로 인하여 매우 딱딱하고 지루한 내용이 많으므로, 시청각 효과를 부여하여 이용자가 쉽게 접근할 수 있도록 구성한다.

㉥ **정보제공 방법의 적절성** : 직업정보의 전달매체는 이용자의 특성에 맞는 매체로서 제공되는 것이 효과적이다.

직업상담사 2급 실기

PART

02

기출문제분석

2025년 1차 실기문제

1   부정적인 심리검사 결과가 나온 내담자에게 검사 결과를 통보하는 방법 4가지를 쓰시오.

정답
① 기계적으로 전달해서는 안 되며, 적절한 해석을 담은 설명과 함께 전달한다.
② 통계적 숫자나 어려운 용어를 사용하는 것보다 일상적인 용어로 전반적인 수행을 설명하고 질적인 해설을 덧붙인다.
③ 검사 결과를 통보받는 사람이 경험하게 될 정서적 반응도 고려한다.
④ 타인에게 부정적인 결과가 노출되지 않도록 비밀보장에 유의한다.
⑤ 내담자의 방어를 최소화하기 위해 해석의 기회를 갖는다.
⑥ 그 정보를 받고 이용할 당사자의 특성을 참작해 보는 것이 바람직하다.
※ 위 내용 중 4가지를 선택해서 작성한다.

2 노동수요의 탄력성을 산출하는 공식과 탄력성에 영향을 미치는 결정요인 3가지를 쓰시오.

○ 노동수요 탄력성 공식

○ 탄력성에 영향을 미치는 결정요인
①
②
③

정답 ○ 노동수요 탄력성 공식
노동수요탄력성 = 노동수요량의 변화율(%) / 임금의 변화율(%)
○ 탄력성에 영향을 미치는 결정요인
① 노동과 자본의 대체 가능성
② 노동 이외의 다른 생산요소의 공급탄력성
③ 최종 생산물의 수요 탄력성
④ 총비용에서 차지하는 노동비용의 비율

TIP 노동수요의 탄력성을 결정하는 요인

㉠ 노동수요의 탄력성은 기업의 생산물 시장에 있어서 생산물의 수요탄력성에 영향을 받게 된다.

㉡ 기업의 노동수요에 대한 탄력성은 총비용에서 차지하는 노동비용의 비율에 의해서도 영향을 받는다.

㉢ 노동수요의 탄력성에 영향을 미치는 또 다른 요인은 노동과 자본의 대체 가능성이다.

㉣ 노동수요의 탄력성에 영향을 주는 요인은 노동을 대체할 수 있는 자본 또는 다른 생산요소의 공급탄력성이다.

3 홀랜드(Holland)의 인성이론에서 제안한 성격이론 6가지 유형을 설명하시오.

정답 ① 현실형 : 현장에서 몸으로 부대끼는 활동을 선호한다.
② 탐구형 : 사람보다는 아이디어를 강조하고, 분석 및 사고를 선호한다.
③ 예술형 : 창의성을 지향하며, 아이디어와 재료를 사용해서 자신을 새로운 방식으로 표현하는 활동을 선호한다.
④ 사회형 : 다른 사람을 육성하고 계발하는 것을 선호하며, 이익이 적더라도 도움이 필요한 사람을 돕는 일을 선호한다.
⑤ 진취형 : 특정 목표를 달성하기 위해 타인을 통제하고 지배하는 데에 관심이 있다.
⑥ 관습형 : 일반적으로 잘 짜여진 구조에서 일하는 것을 선호하고 세밀하고 꼼꼼한 일에 능숙하다.

TIP 홀랜드의 6가지 성격유형

흥미유형	특징
현실형 (R : Realistic)	• 현장에서 몸으로 부대끼는 활동을 좋아한다. • 〈신체활동+기술사용 선호〉
탐구형 (I : Investigative)	• 사람보다는 아이디어를 강조하고, 추상적인 사고 능력을 가지고 있다. • 〈(과학적인 지식에 대해) 연구+분석+사고 선호〉
예술형 (A : Artistic)	• 창의성을 지향하며, 아이디어와 재료를 사용해서 자신을 새로운 방식으로 표현하는 작업을 한다. • 〈(사람들에 대한) 창의적+변화를 추구하는 일 선호〉
사회형 (S : Social)	• 다른 사람을 육성하고 계발하는 것을 좋아하며, 이익이 적더라도 도움이 필요한 사람을 돕는 일을 좋아한다. • 〈(사람들에 대한) 조력+육성+지원 선호〉
진취형 (E : Enterprising)	• 물질이나 아이디어보다는 사람에게 관심을 가지며, 특정 목표를 달성하기 위해 타인을 통제하고 지배하는 데 관심이 있다. • 〈(사람들을) 관리+설득 선호〉
관습형 (C : Conventional)	• 일반적으로 잘 짜여진 구조에서 일을 잘하고, 세밀하고 꼼꼼한 일에 능숙하다. • 〈비즈니스 사무행정 + 구조화된 상황 선호〉

4 한국직업사전에 수록된 부가직업정보 6가지를 쓰시오.

정답
① 육체활동
② 정규교육
③ 숙련기간
④ 작업장소
⑤ 작업환경
⑥ 작업강도
⑦ 직무기능
⑧ 유사명칭
⑨ 관련직업
⑩ 자격/면허
⑪ 조사연도
⑫ 한국표준산업분류코드
⑬ 한국표준직업분류코드
※ 위 내용 중 6가지를 선택해서 작성한다.

5 생애진로사정으로 얻을 수 있는 정보 3가지를 쓰시오.

정답
① 내담자의 일의 경험, 교육의 성취 등과 같은 비교적 객관적이고 사실적인 유형의 정보
② 내담자의 기술과 유능에 대한 평가 정보
③ 상담자가 내담자의 기술과 능력을 추론하여 판단한 정보
④ 내담자의 자신에 대한 인식으로서 내담자의 가치와 관련된 정보
※ 위 내용 중 3가지를 선택해서 작성한다.

TIP 생애진로사정

얻을 수 있는 정보	• 내담자의 일의 경험, 교육의 성취 등과 같은 비교적 객관적이고 사실적인 유형의 정보 • 내담자의 기술과 유능에 대한 평가 정보 • 상담자가 내담자의 기술과 능력을 추론하여 판단한 정보 • 내담자의 자신에 대한 인식으로서 내담자의 가치와 관련된 정보

6 한국표준직업분류에서 직업으로 인정되지 않는 활동 6가지를 쓰시오.

정답 ① 이자, 주식배당, 임대료(전세금, 월세) 등과 같은 자산 수입이 있는 경우
② 연금법, 국민기초생활보장법, 국민연금법 및 고용보험법 등의 사회보장이나 민간보험에 의한 수입이 있는 경우
③ 경마, 경륜, 경정, 복권 등에 의한 배당금이나 주식투자에 의한 시세차익이 있는 경우
④ 예·적금 인출, 보험금 수취, 차용 또는 토지·금융자산을 매각하여 수입이 있는 경우
⑤ 자기 집의 가사활동에 전념하는 경우
⑥ 교육기관에서 재학하며 학습에만 전념하는 경우
⑦ 시민봉사활동 등에 의한 무급 봉사적인 일에 종사하는 경우
⑧ 사회복지시설 수용자의 시설 내 경제활동을 하는 경우
⑨ 수형자의 활동과 같이 법률에 의한 강제 노동을 하는 경우
⑩ 도박, 강도, 절도, 사기, 매춘, 밀수와 같은 불법적인 활동
※ 위 내용 중 6가지를 선택해서 작성한다.

7 민간직업정보의 특징 3가지를 쓰시오.

정답 ① 직업의 구분 : 생산자의 자의성에 따라 구분
② 직업의 범위 : 특정한 목적에 따라 제한적으로 선택
③ 비용 : 유료

TIP 민간직업정보와 공공직업정보의 특성

구분	민간 직업정보	공공 직업정보
직업의 구분	생산자의 자의성에 따라 구분	객관적 기준에 따라 구분
직업의 범위	특정한 목적에 따라 제한적으로 선택	전체산업 및 업종에 걸친 포괄적으로 선택
비용	유료	무료

8 최저임금제의 기대 효과 5가지를 쓰시오.

정답 ① 경기 활성화 기여
② 산업구조의 고도화
③ 노사간의 분규 방지로 인한 산업평화 유지
④ 소득분배의 개선
⑤ 공정경쟁 및 공정거래질서 확보

9 하렌의 의사결정 유형 3가지를 쓰고, 설명하시오.

정답 ① 합리적 유형 : 의사결정에 대해서 논리적이고 체계적으로 접근하는 유형이다.
② 직관적 유형 : 의사결정에 있어서 즉각적인 느낌과 감정에 따라 결정하는 유형이다.
③ 의존적 유형 : 의사결정에 대한 개인적 책임을 부정하고 외부로 책임을 돌리는 경향이 높은 유형이다.

10 집단역동 요소 6가지를 쓰시오.

정답 ① 집단의 배경
  ② 집단의 참여 형태
  ③ 의사소통의 형태
  ④ 집단의 응집성
  ⑤ 집단의 분위기
  ⑥ 집단행동의 규준
  ⑦ 집단원의 사회적 관계 유형
  ⑧ 하위 집단의 형성
  ⑨ 주제의 회피
  ⑩ 지도성의 경쟁
  ⑪ 숨겨진 안건
  ⑫ 제안의 묵살
  ⑬ 신뢰 수준
  ※ 위 내용 중 6가지를 선택해서 작성한다.

집단역동 요소	내용
집단의 배경	대상자들의 특성, 집단원의 집단상담 사전 경험 여부, 대상자들의 기대 및 요구를 확인한다.
집단의 참여 형태	대상자들의 참여 태도를 보면, 상담자의 의존도, 자발적 집단활동, 특정 대상자 또는 상담자에게 질문이나 주의의 집중도, 전체 대상자에 대한 집중도 등에 대한 역동성을 포함한다.
의사소통의 형태	대상자들의 사상, 가치관, 감정 전달 방식, 서로를 이해하는 방식 등을 포함하고, 언어적 및 비언어적 수단이 모두 포함되며, 대화 방식, 자세, 표정, 몸짓 등도 포함된다.
집단의 응집성	응집성은 대상자들의 유대 관계의 정도를 의미한다. 이를 위하여 집단이 공동체로서 함께 활동하는지 여부, 집단 내에 존재하는 하위 집단, 집단에 미치는 영향, 대상자들이 참여하고 있는 집단을 '우리 집단' 혹은 '나의 집단'으로 부르는 호칭 등이 중요하다.
집단의 분위기	대상자들 간에 수용 정도를 의미하며, 따뜻하다, 친절하다, 느슨하다, 허용적이다, 비형식적이다, 제약적이다 등과 같은 특징으로 묘사될 수 있다.
집단행동의 규준	집단활동에 대한 대상자 간의 약속이며, 명시적 및 암시적 규준이 해당된다. 명시적 규준은 지금-여기, 나와 너, 감정 이야기, 솔직한 자기 개방 등이 있으며, 암시적 규준은 이야기 가능한 주제, 피해야 할 주제, 감정 개방의 허용 수준, 허용되는 진술의 범위 및 빈도 등이 있다.
집단원의 사회적 관계 유형	대상자들이 서로 동일시 및 지지하려는 경향을 보이는 것을 의미하며, 대상자들 간의 따돌림, 집단원 간의 우정과 반감, 집단원의 참여의 적극성 등을 파악한다.
하위 집단의 형성	집단에서 소그룹이 형성되어 집단의 주도권을 잡거나 파벌을 형성하는 등의 부정적인 영향을 미치는 경우를 의미하며, 하위 집단의 생성과 작용에 대해 유의해야 한다.
주제의 회피	다루어야 할 가치가 있는 주제이지만, 대상자들이 어색하고, 불안을 느껴서 주제를 회피하고자 할 때, 상담자는 이를 유의하고, 필요시 회피했던 주제로 다시 돌아가게끔 지원한다.
지도성의 경쟁	대상자들 간에 상대방을 아이디어와 논쟁, 패배시키려는 생각 등으로 자신의 지위를 확보하고자 노력하는 것을 의미한다. 이러한 경쟁은 중요한 과업을 이룩하는 데 방해가 된다.
숨겨진 안건	대상자들이 자신만 알고 있는 관심거리나 문제를 가지고 참여하는 경우, 이것 때문에 집단활동이 제대로 되지 않을 정도로 심각한 경우, 집단상담자나 대상자들 누구든지 이 사실을 표면화하여 다룰 필요가 있다.
제안의 묵살	어떤 대상자의 제안이 반복적으로 묵살되는 경우, 이에 대하여 표면화하여 다룰 수 있다.
신뢰 수준	신뢰는 상호 간의 이해력과 감정의 수용력, 엄격성, 개방성, 신의를 지킬 수 있는 능력 등이다. 신뢰 수준은 집단의 성패와 관련이 높으므로, 지속적으로 살피면서 신뢰성을 확보하기 위하여 힘써야 한다.

11 측정의 신뢰도를 높이기 위한 방법을 6가지 쓰시오.

정답 ① 표준화된 검사도구를 이용한다.

② 검사실시와 채점과정을 표준화시킨다.

③ 검사 환경, 시간, 지시문 등 조건을 유지하여 오차변량을 줄인다.

④ 변별력이 낮거나 모호한 문항 등 신뢰도에 나쁜 영향을 주는 문항을 제거한다.

⑤ 문항수를 늘린다.

⑥ 문항 반응수를 늘린다.

12 윌리엄슨의 변별진단 4가지 범주를 기술하시오.

정답 ① 진로 무선택 : 내담자가 진로를 선택하지 않거나 인식조차 없는 상태이다.

② 불확실한 선택 : 자기이해와 직업세계의 이해부족으로 선택에 확신이 없는 경우이다.

③ 어리석은 선택 : 자신의 흥미와 적성과 관계없이 현명하지 못한 선택을 하는 경우이다.

④ 흥미와 적성의 불일치 : 내담자의 흥미와 적성이 불일치하는 경우나 모순적인 선택을 하는 경우이다.

13 성격의 5요인을 쓰시오.

정답　① 외향성
　　　② 호감성
　　　③ 성실성
　　　④ 정서적 불안정성
　　　⑤ 경험에 대한 개방성

TIP 성격 5요인

구분	내용
외향성	타인과의 상호작용을 원하고 타인의 관심을 끌고자 하는 정도를 측정한다.
호감성	타인과의 관계에서 편안하고 조화로움을 유지하는 정도를 측정한다.
성실성	사회적 규칙, 규범, 원칙 등을 기꺼이 지키려는 정도를 측정한다.
정서적 불안정성	정서적인 안정감과 세상에 대한 통제감 정도를 측정한다.
경험에 대한 개방성	세계에 대한 관심 및 호기심, 다양하고 새로운 경험에 대한 추구 및 포용성 정도를 측정한다.

14 윌리엄슨의 특성 – 요인 상담 과정을 설명하시오.

정답　① 분석 : 심리검사를 통한 분석하는 단계이다.
　　　② 종합 : 내담자의 이해를 위한 정보를 수집·종합하는 단계이다.
　　　③ 진단 : 문제의 원인들을 탐색하고 문제해결방안을 검토하는 단계이다.
　　　④ 예측 : 미래 진로에 대한 예언과 처치, 처방적 시도를 실시하는 단계이다.
　　　⑤ 상담 : 협동적·능동적 상담을 하는 단계이다.
　　　⑥ 추수지도 : 일상생활에서의 적용과 향후 새로운 문제가 나타날 때에도 적용할 수 있도록 도움을 주는 단계이다.

15 수퍼가 제시한 3가지 평가를 쓰고 설명하시오.

정답 ① 문제평가 : 내담자의 어려움(직업문제)과 진로상담(직업상담)의 기대에 대한 평가이다.
② 개인평가 : 심리검사, 사례연구, 임상적 방법 등을 통해 내담자의 흥미, 적성, 능력 등을 평가한다.
③ 예언적 평가 : 문제평가와 개인평가를 바탕으로 내담자가 어떤 직업에서 성공하고 만족할 수 있는가에 대하여 예측하는 것이다.

TIP 수퍼(Super)의 3가지 평가유형

구분	내용
문제평가	• 내담자의 어려움(직업문제)과 진로상담(직업상담)의 기대에 대한 평가이다. • 내담자가 경험한 문제와 그의 장점과 약점을 평가한다.
개인평가	• 심리검사, 사례연구, 임상적 방법 등을 통해 내담자의 흥미, 적성, 능력 등을 평가한다. • 내담자의 심리상태를 파악하는 것으로 직업적 장단점을 일정한 규준에 의거하여 표현한다.
예언적 평가	문제평가와 개인평가를 바탕으로 내담자가 어떤 직업에서 성공하고 만족할 수 있는가에 대하여 예측하는 것이다.

16 검사-재검사 신뢰도에 영향을 미치는 요인 4가지를 쓰시오.

정답 ① 환경 변화
② 시간 간격
③ 응답자 속성 변화
④ 기억효과(연습효과)
⑤ 반응민감성 효과
※ 위 내용 중 4가지를 선택해서 작성한다.

TIP 검사-재검사 신뢰도에 영향을 미치는 요인

구분	내용
환경 변화	검사 환경상의 변화가 신뢰도에 영향을 미칠 수 있다.
시간 간격	검사 시행사이의 기간이 짧거나 길 경우 신뢰도에 영향을 미칠 수 있다.
응답자 속성 변화	능력, 가치관, 정서 등 피험자의 속성의 변화가 신뢰도에 영향을 미칠 수 있다.
기억효과(연습효과)	선행 검사 시 기억이 두 번째 검사 점수에 영향을 미치는 현상을 말한다.
반응민감성 효과	검사 경험 자체가 후속 반응에 영향을 준다.

17 집단 내 규준의 종류 3가지를 쓰고, 설명하시오.

정답 ① 백분위 점수 : 표준화된 집단에서 특정 원점수 이하에 해당하는 사람들의 비율을 기준으로 산출되며, 개인의 상대적 위치를 나타내는 점수이다.
② 표준점수 : 개인의 원점수가 집단의 평균을 기준으로 얼마나 떨어져 있는지를 표준편차 단위로 나타낸 값이다.
③ 표준 등급 : 원점수 분포를 정규분포를 가정하여 1부터 9까지의 등급으로 나눈 규준이다.

TIP 심리검사의 집단 내 규준

구분	내용
백분위 점수	• 표준화된 집단에서 특정 원점수 이하에 해당하는 사람들의 비율을 기준으로 산출되며, 개인의 상대적 위치를 나타내는 점수이다. • 예 : 백분위가 88이라는 것은 내담자보다 낮은 점수를 받은 사람들이 전체의 88%라는 뜻이며, 내담자는 표준화집단에서 전체 12%에 해당한다는 것이다.
표준점수	• 개인의 원점수가 집단의 평균을 기준으로 얼마나 떨어져 있는지를 표준편차 단위로 나타낸 값이다. • 원점수를 표준점수로 변환하면, 해당 점수가 전체 집단 내에서 어떤 상대적 위치에 있는지 파악할 수 있으며, 이를 통해 다른 검사 결과와 비교하거나 해석하는 데 유용하게 활용할 수 있다. • 표준점수에는 Z점수(M(평균)=0)와 T점수(M(평균)=50)가 있으며, 대부분의 심리검사의 표준점수는 T점수를 사용한다.
표준등급	• 스테나인 점수(Stanine Score)라고도 하며, 원점수 분포를 정규분포를 가정하여 1부터 9까지의 등급으로 나눈 규준이다. ※ Stanine=Standard+Nine • 대규모 학력 평가 및 심리 검사 결과를 보고할 때 9개의 단순한 등급으로 복잡한 원점수를 요약하여 제공함으로써, 상대적인 성취 수준을 파악하기 용이하다. • 예 : 수능이나 내신 등급제

18 한국표준산업에서 생산단위의 활동형태 주된 산업활동, 부차적 산업활동, 보조적 산업활동을 설명하시오.

정답 ① 주된 산업활동 : 산업활동이 복합 형태로 이루어질 경우 생산된 재화 또는 제공된 서비스 중에서 부가가치(액)가 가장 큰 활동이다.
② 부차적 산업활동 : 주된 산업활동 이외의 재화생산 및 서비스 제공 활동이다.
③ 보조적 산업활동 : 주된 산업활동과 부차적 산업활동을 지원하는 활동으로 회계, 창고, 운송, 구매 등이 포함된다.

TIP 생산단위의 형태

구분	내용
주된 산업활동	• 산업활동이 복합 형태로 이루어질 경우 생산된 재화 또는 제공된 서비스 중에서 부가가치(액)가 가장 큰 산업활동이다. • 주된 산업활동 수행 결과로 얻어지는 생산물은 주된 생산품과 관련 부산물을 포함한다.
부차적 산업활동	• 주된 산업활동 이외의 재화 생산 및 서비스 제공 활동이다. • 실제 다수 생산단위는 부차적 산업활동을 복합적으로 병행해서 수행한다.
보조적 산업활동	• 생산단위 내부에서 생산활동 지원을 위해 사용되는 비내구재 또는 서비스를 제공하는 활동이다. • 생산단위가 산업활동 수행을 위해 내부적으로 영위하는 회계, 창고, 운송, 구매, 판매촉진, 수리 서비스업 등을 포함한다. • 이러한 보조활동은 그 산출물을 동일 생산단위 내에서 중간에 소비하므로 통상 생산단위와 별도로 분리하여 파악하지 않는다.

2025년 2차 실기문제

1   임금상승률에 따라 노동공급곡선은 "우상향한다"는 말이 참인지, 거짓인지, 불확실한지 판정하고, 여가와 소득의 선택모형에 의거하여 이유를 설명하시오.

정답   ① 판정 : 불확실하다.

② 이유 : 대체효과와 소득효과와의 관계, 여가를 정상재로 볼 것인가, 열등재로 볼 것인가에 따라 노동공급량이 다르므로 임금상승률에 따라 노동 공급곡선이 우상향한다고 단정지을 수 없다. 노동공급곡선은 임금이 상승할 때 대체효과가 크거나 열등재일 경우 우상향하고, 소득효과가 크거나 여가가 정상재일 경우 후방 굴절한다.

2 구성타당도의 유형에 속하는 타당도를 2가지 쓰고, 각각에 대하여 설명하시오.

정답 ① 수렴타당도 : 어떤 검사가 이론적으로 <u>관련이 있다고 예상되는</u> 다른 변수나 측정도구들과 실제로 어느 정도 높은 상관관계를 가지는지를 평가하는 타당도이다.

② 변별타당도 : 이론적으로 <u>관련이 없어야 할 변수</u>를 측정하는 검사와 실제로 낮은 상관관계를 보이는지를 평가하는 타당도이다.

③ 요인분석 : 검사를 구성하는 문항 간의 <u>상관관계를 분석</u>하여, <u>공통된 요인을 공유하는 문항들끼리 묶어주는</u> 통계적 기법이다.

※ 위 내용 중 2가지를 선택해서 작성한다.

TIP 구성타당도의 종류

구분	내용
수렴타당도 (집중타당도)	• 어떤 검사가 이론적으로 관련이 있다고 예상되는 다른 변수나 측정도구들과 실제로 어느 정도 높은 상관관계를 가지는지를 평가하는 타당도이다. • 동일 · 유사 개념을 측정하는 도구 간 높은 상관을 확인할 수 있다. • 상관계수가 높을수록 타당도가 높다.
변별타당도 (판별타당도)	• 이론적으로 관련이 없어야 할 변수를 측정하는 검사와 실제로 낮은 상관관계를 보이는지를 평가하는 타당도이다. • 서로 다른 개념을 측정하는 도구 간 낮은 상관을 확인할 수 있다. • 상관계수가 낮을수록 타당도가 높다.
요인분석 (요인타당도)	검사를 구성하는 문항 간의 상관관계를 분석하여, 공통된 요인을 공유하는 문항들끼리 묶어주는 통계적 기법이다.

3 검사-재검사 신뢰도에 영향을 주는 요인 4가지를 쓰시오.

정답 ① 환경 변화
② 시간 간격
③ 응답자 속성 변화
④ 기억효과(연습효과)
⑤ 반응민감성 효과
※ 위 내용 중 4가지를 선택해서 작성한다.

TIP 검사-재검사 신뢰도에 영향을 미치는 요인

구분	내용
환경 변화	검사 환경상의 변화가 신뢰도에 영향을 미칠 수 있다.
시간 간격	검사 시행사이의 기간이 짧거나 길 경우 신뢰도에 영향을 미칠 수 있다.
응답자 속성 변화	능력, 가치관, 정서 등 피험자의 속성의 변화가 신뢰도에 영향을 미칠 수 있다.
기억효과(연습효과)	선행 검사 시 기억이 두 번째 검사 점수에 영향을 미치는 현상을 말한다.
반응민감성 효과	검사 경험 자체가 후속 반응에 영향을 준다.

4　한국표준직업분류(KSCO)에 따라 표 안의 직능수준을 채우시오.

대분류 항목	직능 수준
사무 종사자	제 (　　) 직능 수준 필요
서비스 종사자	제 (　　) 직능 수준 필요
판매 종사자	제 (　　) 직능 수준 필요
농림 · 어업 종사자	제 (　　) 직능 수준 필요
기능원 및 관련 기능 종사자	제 (　　) 직능 수준 필요
단순 노무 종사자	제 (　　) 직능 수준 필요

정답　① 사무 종사자 : 제2직능 수준 필요
②　서비스 종사자 : 제2직능 수준 필요
③　판매 종사자 : 제2직능 수준 필요
④　농림 · 어업종사자 : 제2직능 수준 필요
⑤　기능원 및 관련 기능 종사자 : 제2직능 수준 필요
⑥　단순 노무 종사자 : 제1직능 수준 필요

5 직업정보 가공 시 유의사항 6가지를 쓰시오.

 ① 전문지식이 없어도 이해 가능하게 한다.
② 직업에 대한 장단점을 편견 없이 제공한다.
③ 최신의 자료를 활용하되 표준화된 정보를 활용한다.
④ 객관성 없는 정보, 문장, 어투 등을 사용하지 않는다.
⑤ 효율적인 정보제공을 위해 시청각 효과를 부가한다.
⑥ 정보제공 방법에 적합한 형태로 제공한다.

TIP 직업정보 가공 시 유의사항

구분	내용
전문지식이 없어도 이해 가능하게 한다.	직업정보의 공유방법을 강구하는 과정이므로 이용자의 수준에 부합하는 언어로 가공한다.
직업에 대한 장단점을 편견 없이 제공한다.	정보의 가공목적을 명확히 한다.
최신의 자료를 이용하되 표준화된 정보를 활용한다.	가장 최신의 자료를 활용하되 표준화된 정보(한국직업사전, 한국표준직업분류, 한국표준산업분류)를 활용한다.
객관성 없는 정보, 문장, 어투 등을 사용하지 않는다.	숫자로 표현할 수 없는 정보라고 할지라도 이를 무조건 배제하기보다는 과학적 · 전문적인 시각에서 체계적이고 유효적절하게 수용하는 것이 바람직하다.
효율적인 정보제공을 위해 시청각 효과를 부가한다.	정보의 생명력을 측정하여 활용방법을 선정하고 이용자에게 동기를 부여할 수 있도록 구상한다.
정보제공 방법에 적합한 형태로 제공한다.	다른 통계와의 관련성 및 여러 측면을 고려한다.

6 특성-요인 직업상담의 3가지 기본가정을 기술하시오.

정답 ① 자기분석 : 개인은 고유한 특성의 집합체이며, 이러한 특성은 신뢰롭고 타당하게 측정 가능하다.
　→ 인간은 지능, 적성, 성격, 흥미 등 비교적 안정적인 특성(traits)을 가지고 있으며, 이를 심리검사
　　나 면담 등을 통해 객관적으로 파악할 수 있다고 본다.
② 직업분석 : 모든 직업은 그 직업을 잘 수행하기 위한 요구 특성들을 갖고 있다.
　→ 각 직업은 성공적인 수행을 위해 요구되는 능력, 흥미, 가치 등 일정한 요구조건(factors)을 가지
　　고 있으며, 분석 및 체계화할 수 있다고 본다.
③ 논리적이고 합리적인 매칭 : 개인의 특성과 직업의 요구조건을 비교하여 가장 잘 일치하는 직업을
　　선택하는 것이 가능하다.
　→ 직업선택은 인지적이고 합리적인 매칭 과정이며, 개인의 특성과 직업 세계의 요건이 잘 일치할수
　　록 직무 만족도와 직업적 성공 가능성이 높아진다.

TIP 특성-요인이론의 기본적 가설
㉠ 각 개인은 신뢰할 만하고 타당하게 측정될 수 있는 고유한 특성의 집합체이다.
㉡ 모든 직업은 그 직업에서 성공하는데 필요한 특성을 지닌 근로자를 요구한다.
㉢ 진로선택은 다소 직접적인 인지과정이므로 개인의 특성과 직업의 특성을 짝짓는 것이 가능하다.
㉣ 개인의 특성과 직업의 요구사항이 서로 밀접한 관계를 맺을수록 직업적 성공(생산성과 만족)의 가능성은
　커진다.

7 내담자 중심 상담에서 직업상담사가 갖추어야 할 기본태도 3가지를 쓰시오.

정답 ① 공감적 이해
② 수용적 존중(무조건적 수용과 존중)
③ 일관적 성실성(진실성)

TIP 내담자 중심 상담에서 직업상담사가 갖추어야 할 기본태도

공감적 이해	상담자와 내담자가 상호작용하는 동안에 발생하는 내담자의 경험과 감정들을 이해하려고 노력하는 것이다.
수용적 존중 (무조건적 수용과 존중)	상담자가 내담자를 평가하거나 판단하지 않고, 내담자가 나타내는 어떤 감정이나 행동도 있는 그대로 수용하여 소중히 여기고 존중하는 상담자의 태도이다.
일관적 성실성 (진실성)	상담자가 내담자와의 관계에서 순간순간 경험하는 자신의 감정이나 태도를 있는 그대로 솔직하게 인정하고, 경우에 따라서는 솔직하게 표현하는 태도이다.

8   벡(Beck)의 인지치료 이론에서 인지적 오류의 유형 6가지를 쓰시오.

정답 ① 흑백논리(이분법적 사고)
② 과잉 일반화
③ 선택적 추상화
④ 의미 확대
⑤ 의미 축소
⑥ 개인화

TIP 벡(Beck)의 인지치료 이론에서 인지적 오류의 유형

흑백논리	사건의 의미를 이분법적인 범주의 둘 중의 하나로 해석하는 오류, 회색지대를 인정하지 않는 것이다.
과잉 일반화	한두 번의 사건에 근거하여 일반적인 결론을 내리고 무관한 상황에도 그 결론을 적용시키는 오류이다.
선택적 추상화	상황이나 사건의 주된 내용은 무시하고 특정한 일부의 정보에만 주의를 기울여 전체의 의미를 해석하는 오류이다.
의미 확대	사건의 중요성이나 의미를 지나치게 과장하는 것이다.
의미 축소	사건의 중요성이나 의미를 지나치게 축소하는 것이다.
개인화	자신과 무관한 외부 사건을 자신과 연관지어 해석하는 오류이다.

9 아래의 표를 보고 물음에 답하시오. (계산과정, 답)

총 인구	취업자수	실업자수	15세 이상 인구
2,000명	450명	50명	1,000명

① 경제활동참가율을 구하시오.

② 고용률을 구하시오.

③ 실업률을 구하시오.

정답 ① 경제활동참가율 : (취업자 수 + 실업자 수)/15세 이상 인구 × 100
     $(450 + 50)/1000 × 100 = 50\%$
 ② 고용률 : 취업자 수/15세 이상 인구 × 100
     $450/1,000 × 100 = 45\%$
 ③ 실업률 : 실업자 수/경제활동인구 × 100 (경제활동인구 = 취업자 수 + 실업자 수)
     $50/500 × 100 = 10\%$

10 톨버트(Tolbert)가 제시한 집단 직업 상담의 핵심요소 6가지를 쓰시오.

정답 ① **목표(Goal)** : 진로발달의 기대수준과 일치하는 현실적인 직업적 자아개념을 확립한다.
 ② **과정(Process)** : 탐색, 상호작용, 개인적 정보의 검색 및 목표와의 연결, 직업적·교육적 정보의 획득 및 검토, 의사결정 등 5가지 유형의 활동들로 체계적으로 구성한다.
 ③ **비밀유지(또는 환경(Setting)/윤리적 원칙)** : 개별구성원은 집단직업상담에서 이루어진 토의 내용에 대해 비밀을 유지한다.
 ④ **집단원(Members, 집단구성)** : 상호작용 및 피드백을 촉진하고, 구성원의 참여가 원활히 이루어지도록 6 ~ 10명의 소집단으로 구성한다.
 ⑤ **리더(Leader)** : 집단의 리더는 집단상담과 직업정보에 대해 잘 알고 있는 전문적인 자여야 한다.
 ⑥ **일정(Time/Schedule)** : 집단 목표 달성에 충분하도록 최소 8 ~ 10회 등 적절한 횟수와 기간을 확보한다.

11 규준 제작 시 사용하는 확률표집방법의 종류 3가지를 쓰고 설명하시오.

정답 ① 단순무선표집 : 모집단의 모든 구성요소가 동일한 확률로 표본에 선택되도록 하는 표집 방법이다.
② 층화표집 : 집단이 서로 다른 특성을 가진 이질적인 하위집단으로 구성되어 있을 때 사용하는 방법이다.
③ 군집표집 : 모집단을 서로 동질적인 하위집단으로 먼저 구분한 다음 집단 자체를 표집하는 방법이다.

12 한국표준산업분류 11차 개정 특징 3가지를 기술하시오.

정답 ① 미래 · 성장 산업 분류항목 신설 또는 세분하였다.
② 상대적 비중 감소 산업의 분류항목을 통합하였다.
③ 개정 수요 및 국제기준을 반영하였다.

13 공공직업정보의 특성 4가지를 쓰시오.

정답 ① 직업정보를 지속적으로 제공한다.
② 객관적 기준에 의해 직업을 분류한다.
③ 전체 산업 및 업종의 포괄적인 정보를 대상으로 한다.
④ 무료로 제공된다.
⑤ 다른 정보와 관련성이 높다.
※ 위 내용 중 4가지를 선택해서 작성한다.

TIP 민간직업정보와 공공직업정보의 특성

	민간 직업정보	공공 직업정보
직업의 구분	생산자의 자의성에 따라 구분	객관적 기준에 따라 구분
직업의 범위	특정한 목적에 따라 제한적으로 선택	전체산업 및 업종에 걸친 포괄적으로 선택
비용	유료	무료

14 어떤 집단의 심리검사 점수가 분산되어 있는 정도를 판단하기 위해 사용하는 기준 3가지를 설명하시오.

정답 ① 범위 : 주어진 점수 분포에서 최고값과 최저값 사이의 차이(거리)를 말한다.
② 분산 : 변수의 전체 관측값들이 평균으로부터 얼마나 떨어져 있는지를 제곱값의 평균으로 나타낸 값이다.
③ 표준편차 : 각 점수가 평균으로부터 평균적으로 얼마나 떨어져 있는지를 나타내는 값이다.

15 스트롱(Strong) 직업흥미검사의 하위척도 3가지를 쓰고, 각각에 대해 간략히 설명하시오.

정답 ① 일반직업분류(GOT) : 홀랜드의 직업선택이론에 기반한 6가지 직업흥미 유형을 측정한다.
② 기본흥미척도(BIS) : 수검자가 특정한 활동이나 주제 영역에 대해 얼마나 흥미를 느끼는지를 측정한다.
③ 개인특성척도(PSS) : 개인이 일상생활과 직업 환경에서 어떤 방식의 행동이나 활동을 선호하고 심리적으로 편안하게 느끼는지를 평가한다.

TIP 스트롱(Strong) 직업흥미검사의 하위척도

구분	내용
일반직업분류 (GOT)	• 홀랜드(Holland)의 직업선택이론에 기반한 6가지 직업흥미 유형(RIASEC)을 토대로, 개인의 전반적인 직업 흥미 유형을 평가한다. • 현실형, 탐구형, 예술형, 사회형, 기업형, 관습형
기본흥미척도 (BIS)	일반직업분류(GOT)의 6가지 유형(RIASEC)을 보다 세분화한 것으로, 수검자가 특정한 활동이나 주제 영역에 대해 얼마나 흥미를 느끼는지를 측정한다.
개인특성척도 (PSS)	• 개인이 일상생활과 직업 환경에서 어떤 방식의 행동이나 활동을 선호하고 심리적으로 편안하게 느끼는지를 평가한다. • 업무유형, 학습유형, 리더십유형, 모험심유형의 4개 척도로 구성된다.

16 진로성숙도 검사(CMI)의 능력척도를 3가지 쓰고 설명하시오.

정답　① 자기평가 : 자신의 성격, 흥미, 가치관, 능력 및 태도 등을 명확히 인식하고 이해하는 능력이다.
　② 직업정보 : 직업 세계에 대한 지식, 고용 동향, 직무 요건 등에 대한 정보를 탐색하고 평가하는 능력이다.
　③ 목표선정 : 자기 이해와 직업 정보에 근거하여, 현실적이고 합리적인 직업선택을 하는 능력이다.
　④ 계획 : 설정한 진로 목표를 달성하기 위해 필요한 교육, 경험, 자원 등을 조직적으로 계획하는 능력이다.
　⑤ 문제해결 : 진로 선택 및 진로 진행 과정에서 발생할 수 있는 갈등, 장애, 불확실성을 효과적으로 해결하는 능력이다.
　※ 위 내용 중 3가지를 선택해서 작성한다.

TIP　크릿츠(Crites)가 개발한 진로성숙도 검사

구분	내용
태도척도	• 결정성 : 선호하는 진로의 방향에 대한 확신의 정도이다. • 예 : 나는 선호하는 진로를 자주 바꾸고 있다. • 참여도 : 진로선택 과정에 능동적으로 참여하는 정도이다. • 예 : 나는 졸업할 때까지는 진로선택 문제에 별로 신경을 쓰지 않을 것이다. • 독립성 : 진로선택을 독립적으로 할 수 있는 정도이다. • 예 : 나는 부모님이 정해 주시는 직업을 선택하겠다. • 성향 : 진로결정에 필요한 사전이해와 준비 정도이다. • 예 : 일하는 것이 무엇인지에 대해 생각한 바가 거의 없다. • 타협성 : 진로선택 시 욕구와 현실에 타협하는 정도이다. • 예 : 나는 하고 싶기는 하나 할 수 없는 일을 생각하느라 시간을 보내곤 한다.
능력척도	• 자기평가 : 자신의 성격, 흥미, 가치관, 능력 및 태도 등을 명확히 인식하고 이해하는 능력이다. • 직업정보 : 직업 세계에 대한 지식, 고용 동향, 직무 요건 등에 대한 정보를 탐색하고 평가하는 능력이다. • 목표선정 : 자기 이해와 직업 정보에 근거하여, 현실적이고 합리적인 직업선택을 하는 능력이다. • 계획 : 설정한 진로 목표를 달성하기 위해 필요한 교육, 경험, 자원 등을 조직적으로 계획하는 능력이다. • 문제해결 : 진로 선택 및 진로 진행 과정에서 발생할 수 있는 갈등, 장애, 불확실성을 효과적으로 해결하는 능력이다.

17 내담자와 관련된 정보를 수집하고 행동을 이해하고 해석하는데 기본이 되는 상담기법 6가지를 쓰시오.

정답 ① 가정 사용하기
② 의미 있는 질문 및 지시 사용하기
③ 전이된 오류 정정하기
④ 분류 및 재구성하기
⑤ 저항감 재인식하기 및 다루기
⑥ 근거 없는 믿음 확인하기
⑦ 왜곡된 사고 확인하기
⑧ 반성의 장 마련하기
⑨ 변명에 초점 맞추기
※ 위 내용 중 6가지를 선택해서 작성한다.

18 직업적응이론(TWA)에서 중요하게 다루는 직업가치 6가지를 쓰시오.

정답 ① 성취
② 이타심 또는 이타주의
③ 자율성 또는 자발성
④ 안락함 또는 편안함
⑤ 안정성 또는 안전성
⑥ 지위

TIP 미네소타 중요성 질문지(MIQ)에 대한 연구를 통해 발견한 6가지 가치 차원(직업가치)

가치 차원	내용
성취(Achievement)	자신의 능력을 사용하는 것, 성취에 대한 느낌을 가지는 것이다.
이타심 또는 이타주의(Altruism)	타인과의 조화, 타인에 대한 봉사이다.
자율성 또는 자발성(Autonomy)	독립적으로 존재하는 것, 자기 통제력을 가지는 것이다.
안락함 또는 편안함(Comfort)	편안한 느낌을 가지는 것, 스트레스를 받지 않는 것이다.
안정성 또는 안전성(Safety)	안정과 질서, 환경에 대한 예측능력이다.
지위(Status)	타인으로부터의 인정, 중요한 지위에 있는 것이다.

2025년 3차 실기문제

1　규준 중 발달규준의 종류 3가지 쓰시오.

정답　① 연령규준
　　② 학년규준
　　③ 서열규준

TIP　발달규준의 종류

연령규준	학년규준	서열규준	언어발달규준
개인의 점수를 규준집단의 (정신)연령 수준과 비교하여 몇 살에 해당하는지를 나타낸다.	개인의 점수를 규준집단의 학년 수준(학년 평균이나 성취도)과 비교하여 몇 학년에 해당하는 지를 나타낸다.	개인의 점수를 규준집단의 행동발달 수준과 비교하여 해석한다.	개인의 점수를 규준집단의 언어발달 수준과 비교하여 해석한다.

※ 발달규준을 4가지로 쓰라고 하면 '해설'의 경우로 작성하고, 3가지로 쓰라고 하면 서열규준과 언어발달규준은 유사한 부분이 있으므로 가급적 '정답'과 같이 작성하는 것이 모범답안이다.

2 고트프레드슨(Gottfredson) 제한 – 타협이론에서의 진로포부 발달단계 4단계를 쓰고 설명하시오.

정답

단계	내용
힘과 크기 지향성(3 ~ 5세)	사고과정이 구체화되며, 어른이 된다는 것의 의미를 알게 된다.
성역할 지향성(6 ~ 8세)	자아개념이 성의 발달에 의해서 영향을 받게 된다.
사회적 가치 지향성(9 ~ 13세)	사회계층에 대한 개념이 생기면서 자아를 인식하게 되고, 일의 수준에 대한 이해를 확장시킨다.
내적, 고유한 자아 지향성 (14세 이후)	내성적인 사고를 통하여 자아인식이 발달되고 타인에 대한 개념이 생겨나며, 자아성찰과 사회계층의 맥락에서 직업적 포부가 더욱 발달하게 된다.

3 진로시간전망 검사지의 사용 용도 3가지를 쓰시오.

정답
① 미래의 방향을 이끌어 내기 위해서이다.
② 미래에 대한 희망을 심어주기 위해서이다.
③ 미래가 실제인 것처럼 느끼도록 하기 위해서이다.
④ 계획에 대해 긍정적 태도를 강화하기 위해서이다.
⑤ 목표설정을 촉구하기 위해서이다.
⑥ 현재의 행동을 미래의 결과와 연계시키기 위해서이다.
⑦ 진로의식을 높이기 위해서이다.
※ 위 내용 중 3가지를 선택해서 작성한다.

4　산업별 임금격차가 발생하는 원인 5가지를 쓰시오.

정답　① 산업별 숙련 직종 구성의 차이(인적자본 축적이 높은 근로자를 요구하는 산업)
　　② 산업 간 노동생산성의 차이
　　③ 산업별 집중도의 차이
　　④ 노동조합의 존재 여부와 교섭력의 차이
　　⑤ 산업별 수요(시장지배력/독과점)의 차이

5 홀랜드(Holland)의 개인과 개인 간의 관계, 환경과 환경 간의 관계, 개인과 환경 간의 관계를 설명하는 개념 3가지를 쓰고 설명하시오.

정답 ① 일관성(개인과 개인) : 유형들의 어떤 쌍들은 다른 유형의 쌍들보다 공통점을 더 많이 가지고 있다. 홀랜드의 육각형에서 두 흥미코드가 인접할수록 일관성 수준이 높고, 일관성이 높을수록 안정적이다.
② 일치성(개인과 환경) : 개인과 직업환경 간의 일치 정도(적합도)를 측정하는 것으로, 사람은 자신의 유형과 비슷하거나 정체성이 있는 환경 유형에서 일하거나 생활할 때 일치성이 높아지게 된다.
③ 계측성(환경과 환경) : 육각형 모델에서 유형[환경]들 간의 거리는 그것들 사이의 이론적인 관계에 반비례한다. 홀랜드 육각형에서 흥미코드나 환경 유형의 거리가 가까울수록 이론상의 (상관)관계는 높고, 멀수록 이론상 관계는 낮다는 개념이다.

TIP 홀랜드(Holland)의 5개의 주요 개념

주요 개념	내용
일관성	유형들의 어떤 쌍들은 다른 유형의 쌍들보다 공통점을 더 많이 가지고 있다. 홀랜드 코드 첫 2개 문자를 사용하여 두 흥미코드의 인접 정도에 따라 일관성의 수준을 높음(인접), 중간(다른 문자 1개가 끼임), 낮음(다른 문자 2개가 끼임)으로 나눈다.
차별성	1개의 유형에는 유사성이 많이 나타나지만, 다른 유형에는 별로 유사성이 나타나지 않는다. SDS 또는 VPI 프로파일로 측정된다.
정체성	개인에게 있어서 정체성이란 개인의 목표, 흥미, 재능에 대한 명확하고 견고한 청사진을 말한다. 환경에 있어서 정체성이란 조직의 투명성, 안정성, 목표·일·보상의 통합이라고 규정된다. MVS의 직업정체성 척도는 개인의 정체성을 측정하는데 사용하고, 이 점수가 낮은 사람들은 반대되는 직업 목표를 가진 사람들이 많다.
일치성	개인과 환경 간의 일치 정도(적합도)를 측정하는 것으로, 사람은 자신의 유형과 비슷하거나 정체성이 있는 환경 유형에서 일하거나 생활할 때 일치성이 높아지게 된다. 환경과 개인의 가장 좋지 않은 일치의 정도는 육각형에서 유형들이 반대 지점에 있을 때 나타난다.
계측성	유형들[환경] 내 또는 유형들 간의 관계는 육각형 모델에 따라 정리될 수 있는데, 육각형 모델에서 유형[환경]들 간의 거리는 그것들 사이의 이론적인 관계에 반비례한다.

6 내담자가 상담자에게 지나치게 의존하려는 전이가 일어났을 때 그 의미와 해결방안 3가지를 설명하시오.

○ 의미 :

○ 해결방안
①
②
③

정답 ○ 의미 : 내담자가 중요한 타인에게 느꼈던 생각과 감정을 상담자에게 옮기는 것이다.
○ 해결방안
① 훈습을 통해 전이감정을 직면할 수 있도록 도와주어야 한다.
② 내담자 스스로 판단하고 자신을 통제할 수 있도록 돕는다.
③ 내담자의 전이를 이해하되 객관적 구조를 유지한다.

7 코틀의 원형검사에서 원의 의미를 3가지 쓰시오.

정답 ① 과거
② 현재
③ 미래

TIP 코틀의 원형검사

원의 의미	원의 의미는 과거, 현재, 미래를 말한다.
원의 크기	시간 차원에 대한 상대적 친밀감을 나타낸다.
원의 배치	시간차원들이 어떻게 연관되어 있는지를 관련성을 나타낸다.

8 실직하고 나서 "나는 무능하다."라는 부정적인 자동적 사고가 떠올라 우울감에 빠진 내담자에게 Beck의 인지 행동적 상담을 하려고 한다. 이 내담자의 부정적인 자동적 사고를 합리적 사고로 변화시키기 위한 상담 기법을 3가지 쓰고 각각에 대해 설명하시오.

정답
① **인지적 기법** : 내담자가 가지고 있는 '나는 무능하다'와 같은 부정적 자동적 사고의 근거를 점검하고 대안적 사고를 생성하여 사고를 변화시킨다.
② **정서적 기법** : 내담자의 비합리적 사고에 따른 정서를 탐색하고 합리적 사고에 따라 정서를 조정한다.
③ **행동적 기법** : 행동실험과 과제를 통해 실제 행동으로 신념을 검증하고 변화시킨다.

TIP 벡(Beck)의 인지행동적 치료절차 5단계

㉠ 내담자의 심리적 문제를 일으키는 부정적 사고의 인지오류를 탐색한다.
㉡ 부정적인 자동적 사고와 인지오류를 활성화시키는데 원인이 되는 역기능적 인지도식의 내용을 파악한다.
㉢ 내담자가 기존에 가지고 있는 신념과 부정적 사고, 인지오류가 타당하고 이치에 맞는지 다시 생각해 보도록 반박을 시도한다.
㉣ 내담자의 부정적 사고와 잘못된 신념을 보다 합리적이고 타당한 것으로 내면화할 수 있도록 긍정적인 사고를 할 수 있는 대안을 제시한다.
㉤ 내담자가 스스로 자신의 잘못된 신념을 수정하여 원하는 목표를 세우고 실천할 수 있도록 돕는다.

9　일반적성검사(GATB)에서 사용되는 9개의 적성 항목을 쓰시오.

정답　① 지능
　　　② 언어능력
　　　③ 수리능력
　　　④ 사무지각
　　　⑤ 공간적성
　　　⑥ 형태지각
　　　⑦ 운동반응
　　　⑧ 손가락 재치
　　　⑨ 손재치

TIP　GATB에서 측정하는 9가지 적성요인

적성	측정 내용
지능(G)	일반적인 학습 능력, 설명이나 지도 내용과 원리를 이해하는 능력, 추리 판단하는 능력, 새로운 환경에 빨리 순응하는 능력이다.
언어능력(V)	언어의 뜻과 그에 관련된 개념을 이해하고 사용하는 능력, 언어 상호 간의 관계와 문장의 뜻을 이해하는 능력, 보고 들은 것이나 자신의 생각을 발표하는 능력이다.
수리능력(N)	빠르고 정확히 계산하는 능력이다.
사무지각(Q)	문자나 인쇄물, 전표 등의 세부를 식별하는 능력, 잘못된 문자나 숫자를 찾아 교정하고 대조하는 능력, 직관적인 인지 능력의 정확도나 비교 판별하는 능력이다.
공간적성(S)	공간상의 형태를 이해하고 평면과 물체의 관계를 이해하는 능력, 기하학적 문제해결 능력, 2차원이나 3차원의 형체를 시각으로 이해하는 능력이다.
형태지각(P)	실물이나 도해 또는 표에 나타나는 것을 세부까지 바르게 지각하는 능력, 시각으로 비교 판별하는 능력, 도형의 형태나 음영, 근소한 선의 길이나 넓이 차이를 지각하는 능력, 시각의 예민도 등이다.
운동반응(K)	눈과 손 또는 눈과 손가락을 함께 사용해서 빠르고 정확한 운동을 할 수 있는 능력, 눈으로 겨누면서 정확하게 손이나 손가락의 운동을 조절하는 능력이다.
손가락재치(F)	손가락을 정교하고 신속하게 움직이는 능력, 작은 물건을 정확하고 신속히 다루는 능력이다.
손재치(M)	손을 마음대로 정교하게 조절하는 능력, 물건을 집고, 놓고 뒤집을 때 손과 손목을 정교하고 자유롭게 운동할 수 있는 능력이다.

10 수퍼의 경력개발이론에서 경력개발 5단계를 쓰고 각 단계에 대해 설명하시오.

 ① 성장기(0 ~ 14세) : 자기(self)에 대한 지각이 생기고, 직업세계에 대한 기본이해가 이루어진다.
② 탐색기(15 ~ 24세) : 학교생활, 시간제 근무 등을 통해 직업탐색을 시도한다.
③ 확립기(25 ~ 44세) : 적합한 분야를 발견해서 종사하고, 생활의 터전을 잡고 노력한다.
④ 유지기(45 ~ 64세) : 직업세계에 확고한 자리를 잡고 안정된 삶을 살아간다.
⑤ 쇠퇴기(65세 이후) : 정신적, 육체적 기능이 쇠퇴하고 은퇴한다.

11 A회사의 9월말 사원수는 2,000명이었다. 신규 채용인원수는 200명, 전입인원수는 100명 일 때 10월의 입직률을 계산하시오.

 입직률(%) = 입직자수/전원말근로자수 × 100
10월 입직률(%) = 200명 + 100명/2,000명 × 100 = 15%

12 어떤 사람이나 사물을 평가할 때 사용하는 기준, 판단할 때 참조로 사용하는 것을 준거라고 한다. 개념준거와 실제준거의 의미를 설명하시오.

 ① 개념준거 : 연구자가 측정하고자 하는 특성을 추상적이고 이론적으로 정의한 것으로 직접 측정이 불가하다.
예 : 높은 성과, 훌륭한 선생님 등
② 실제준거 : 개념준거를 현실에서 관찰하고 측정할 수 있도록 구체화한 것으로 직접 측정이 가능하다.
예 : 분기별 매출액, 수업 준비도 평가 점수 등

13 한국표준산업분류 산업분류의 3가지 기준을 쓰시오.

정답 ① 산출물(생산된 재화 또는 제공된 서비스)의 특성
② 투입물의 특성
③ 생산활동의 일반적인 결합형태

14 한국표준직업분류에서 직업분류의 일반원칙 2가지를 쓰고 설명하시오.

정답 ① 포괄성의 원칙 : 우리나라에 존재하는 모든 직무는 분류에 포괄되어야 한다.
② 배타성의 원칙 : 동일하거나 유사한 직무는 하나로 분류되어야 한다(즉 하나의 직무가 복수로 분류될 수 없다).

TIP 직업분류 일반원칙

포괄성의 원칙	우리나라에 존재하는 모든 직무는 어떤 수준에서든지 분류에 포괄되어야 한다. 특정한 직무가 누락되어 분류가 불가능할 경우에는 포괄성의 원칙을 위배한 것으로 볼 수 있다.
배타성의 원칙	동일하거나 유사한 직무는 어느 경우에든 같은 단위 직업으로 분류되어야 한다. 하나의 직무가 동일한 직업단위 수준에서 2개 혹은 그 이상의 직업으로 분류될 수 있다면 배타성의 원칙을 위반한 것이라 할 수 있다.

15 아들러의 개인주의 상담과정의 목표를 4가지 쓰시오.

정답 ① 열등감을 극복하도록 돕는다.
② 우월감을 추구하도록 돕는다.
③ 바람직한 사회적 관심을 갖도록 돕는다.
④ 내담자의 잘못된 동기를 바꾸도록 돕는다.
⑤ 잘못된 가치와 목표를 수정하도록 돕는다.
※ 위 내용 중 4가지를 선택해서 작성한다.

16 직무평가 기법 4가지를 쓰시오.

정답 ① 서열법
② 분류법
③ 점수법
④ 요인비교법

17 타당도 종류 4가지를 쓰시오.

정답 ① 내용타당도
② 안면타당도
③ 준거타당도
④ 구성타당도

TIP 타당도의 종류

내용타당도	검사가 측정하고자 하는 내용영역을 정확하고 자세하게 기술하고 있는가를 의미한다.
안면타당도	전문가가 아닌 일반인의 상식 수준에서 평가되며, 실제로 무엇을 측정하는가보다 검사 문항이 잰다고 한 것을 재는 것처럼 보이는 가에 중점을 둔다. 즉, 피검자에게 그 검사가 타당하게 보이는지를 의미한다.
준거타당도	검사 점수가 특정 준거와 얼마나 밀접하게 관련되어 있는지를 나타내는 통계적 타당도로, 상관관계 분석을 통해 평가된다. 동시타당도, 예언타당도가 있다.
구성타당도	검사가 측정하려는 이론적 개념이나 심리적 구성개념을 얼마나 정확히 측정하고 있는지를 나타내는 타당도이다. 수렴타당도, 변별타당도, 요인분석이 있다.

18 Brayfield(브레이필드)가 제시한 직업정보의 기능 3가지를 쓰고 설명하시오.

정답 ① 정보적 기능 : 직업정보 제공을 통해 내담자의 의사결정을 돕고 직업선택에 대한 지식을 증가시킨다.
② 재조정 기능 : 직업정보를 받아 내담자는 직업선택에 대한 환상을 버리고 자신의 선택에 대한 현실 검증을 하도록 한다.
③ 동기화 기능 : 내담자가 의사결정 과정에 적극 참여하도록 동기화시킨다.

시사용어사전 | 경제용어사전 | 부동산용어사전

시사용어사전 1228

매일 접하는 각종 기사와 정보! 공기업/언론사/기업체/공무원 채용을 준비하는 수험생과
현대인이 꼭 알아야 할 최신 시사상식을 쏙쏙 뽑아 이해하기 쉽도록 영역별로 정리

경제용어사전 1050

주요 경제용어는 거의 다 실었다! 금융권/공기업/언론사/기업체/공무원 채용을 준비하기 전에,
경제 공부를 시작하기 전에 읽어보면 경제가 쉬워지도록 사전식으로 구성

부동산용어사전 1310

부동산에 대한 이해를 높이고 부동산의 개발과 활용, 투자 및 부동산 용어 학습에도
적극적으로 이용할 수 있는 교재, 공인중개사 출제용어도 수록

자격증

한번에 따기 위한 서원각 교재

한 권에 준비하기 시리즈 / 기출문제 정복하기 시리즈를 통해 자격증 준비하자!